大是文化

「対話と決断」で成果を生む 話し合いの作法

討論的技術

不再一致沉默、揣摩上意、反駁抬槓鬼打牆，
提升決策品質、貫徹執行力的必備管理技能。

日本立教大學管理學院領導力研究所副所長、管理學院教授
中原淳——著
李貞慧——譯

目錄

第2章

第3章

第4章

第5章 領導者必備的技能

推薦序

重新學「討論」

《經理人月刊》總編輯／齊立文

特斯拉（Tesla）執行長伊隆・馬斯克（Elon Musk），談到自己何以能在電動車、太空探索、能源等事業有突破性創新時，提到「第一性原理」（first principle）一詞，大意是說，他在製造產品時，不會受限於既存條件，而是會回歸事物的本質去思考，逐一檢視每一個構成要件，從中找出破解之道。

在閱讀本書的過程中，我聯想到了這個第一性原理的思維模式。起初，我有點懷疑，關於「討論的技術」這個主題，能撐起一本書的篇幅嗎？畢竟，誰沒討論過事情？討論需要教？

讀著讀著，我開始省思，就像大多數人都會說話，但還是有大量書籍和專家教人「好好說話」；很多人都有健全的聽力，卻不表示他們懂得「仔細傾聽」。同理，很多人自以為「會討論」，但我們真的學過「怎麼討論」嗎？

還有，如果我們能出於本能、潛移默化的學會討論，為什麼還是常常聽到以下這段關於會議流程的諷刺：會而不議、議而不決、決而不行、行而未果……一番周折之後，重新再議。

這就是作者寫這本書的用意，**針對我們經常在用，而且自認為不用學就會的能力，重新回歸本質來思考**：你真的會嗎？然後逐步闡釋：為什麼學會討論很重要？構成好的討論有哪些基礎條件？討論本身涉及哪些要素？從起始、過程到結果，如何評量一場好的討論？

根據作者分析，「所謂的討論，就是人們為了和身邊的人一起工作、學習、生活，彼此傳達自己的意見（對話），互相探索自己與他人的意見分歧，思考優缺點，做出大家心服口服的果斷決定，一起前進。」運用第一性原理，如果再把這段話過濾到再也無法精省、絕對無法刪減的要件，那就是：對話和決策。

讀到這裡，如果你已經跟上作者的邏輯，就會開始想：什麼是對話？什麼是決策？我真的都會嗎？

在我的工作現場，很多事務都必須召開會議來「討論」。身為主管，我最大的苦惱是全場一片沉默。既然大家都沒意見，就主管說了算，但難免怕自己獨斷獨行；總算有人發出聲音，也會擔心少數人主導了走向；那不然投票表決好了，但忍不住又想，少數服從多數的結果，會不會掩蓋了少數人的聲音？所謂的多數，也只是脆弱多數，真的是最好的嗎？

再換個角度，就算是全場踴躍發言，我的苦惱也不會減少，因為各言爾志之後，該怎麼收攏聚焦？最理想的狀況是：全體成員都發言，而且一致認同某個意見，總可以了吧？

我一直很喜歡管理大師彼得．杜拉克（Peter Drucker）講過的一個小故事：據說，通用汽車（General Motors）前總裁阿爾弗雷德．史隆（Alfred Sloan）曾在一次高層會議中說：「諸位先生，在我看來，我們對這項決策已經有了完全一致的看法。」出席會議的委員們都點頭表示同意。他接著說：「現在，我宣布會議結束，這個問題延到下次開會時再行討論。我希望下次開會時，能聽到相反的意見，只有這樣，我們才能對這項決策有真正的了解。」

杜拉克進一步說明，史隆懂得「正確的決策，必須建立在充分討論各種不同意見的基礎之上。」

在本書中，作者就是先告訴讀者，如何才能讓不同意見充分的對話，既要有心理安全感，又要不怕衝突，更要有多元包容的胸懷；接著再延伸到如何正確的決策。

我們都討厭「討論了半天，也沒結論」，覺得浪費生命、徒勞無功。我建議大家也讀讀零售巨擘亞馬遜（Amazon）的十六條領導力原則之一：敢於諫言，服從大局（Have Backbone; Disagree and Commit）。

在亞馬遜的官網上，對這個原則的解釋是：領導者必須能夠不卑不亢的質疑他們無法苟同的決策，哪怕這樣做讓人心煩意亂，精疲力盡。領導者要信念堅定，矢志不移。他們不會為了保持一團和氣而屈就妥協。一旦做出決定，他們就會全心全意的致力於實現目標。

討論，可以促成意見交流，激起智慧交鋒，在審視過正反優劣的觀點或選項後，最終找出共識的交會點。從中，我們學習到了解與尊重多元觀點，拓展了自己的視野，更重要的是，我們合力找出當下最好的解決方案，大家一起共好。

前言
討論很重要，學校卻沒教

在企業與教育的第一現場，「討論」正面臨危機。

「協商好麻煩。」

「就算討論了，也做不了決定。」

「開會只是浪費大家時間。」

不擅長、沒結果，討論只是換來絕望

開著沒辦法做任何決定的會議、班會，大家都悶不作聲，還有永遠爭論不休的委員會。人們對於討論的絕望感，已經越來越深。

過去二十年來，我專注於研究企業人才開發與成人學習。從人才管理的觀點，協助企業重新安排工作中指導（On the Job Training，簡稱ＯＪＴ）、管理階層培育，並擔任許多研習和工作坊的講師。再加上，我本人也在學校任教。從東京大學開始，我參與了研究所教育，至今我的研究室已經培育出數十位碩士，並擔任許多研習和工作坊的講師。我彙整這些藉由實務經驗所累積的智慧，以文字的形式寫成論文與書籍，提供社會大眾參考。

而它就是本書的主題——討論的技術。

如一開頭提到的，我之所以擔憂，是因為討論明明在現代社會有很重大的意義，但越來越多人不認同，或是對其感到絕望。

很多人覺得「和別人討論好麻煩」、「商量以後，也沒辦法做任何決定」、「開會只是浪費時間」，感覺討論風氣正在從社會上消失。當然，這可能也是因為，原本就有許多人覺得自己不擅長與人協商。

請各位讀者先想一想，自己對於「討論」的印象是什麼？

很喜歡、很開心、好有趣、想一直持續下去……會這麼想的人，應該不多吧。多數人可能覺得討論很麻煩、很討人厭、想盡量避免、與我無關……這絕不是個人的問題。事實上，多數人根本沒有好好學過討論的方法和技術，更不曾累積實務經驗。

我們都沒學過「討論的技術」

在此，我為本書所謂的討論下個定義，這裡指的是「與其他人一邊對話，一邊決定（自行決定、決策）自己未來的溝通方式」。這種溝通必須符合以下四大要素：

一、所謂的討論，就是人們為了和身邊的人一起工作、學習、生活；
二、彼此傳達自己的意見（即對話）；
三、互相探索自己與他人的意見分歧，思考優、缺點；
四、做出大家心服口服的果斷決定，一同前進。

人無法獨自在社會中生存。透過前述的討論程序，我們才能在社會上與他人合作，一起生活。

然而，看看自己的周遭，你會發現現實不容樂觀。在每天的會議、新人研習、管理階層研討等溝通中，或者在班會、委員會或社團活動之中，討論真的成立嗎？

說到底，有人學過什麼是討論的技術嗎？

或許，有些老師會說：「才沒這回事，現在的教育課程中都有教這些東西。」、「小時候我們在班級會議上常這麼做啊。」、「我們在國中的委員會上就會討論了。」、「高中時，課程內的社團活動也經常開會。」

然而，我們所經歷的討論，真的成立嗎？開會時，每個人是否都可以提出意見，被別人接受，心服口服的決定事情？被我這麼一問，可能很多人就會突然縮回去了吧？

這二十年來，我在企業的人才開發第一線接觸到許多研習者，也在大學教過許多學生。就我個人的經驗來說，很遺憾的是，前面一連串的問題，答案都是否定的。

連企業主管都怕討論

在企業中，職場和團隊也會有各式各樣的討論，像是推動明年度的計畫、新專案的方式，解決在職場發生的問題等。但我觀察了一下，大多數都陷入功能不全的窘境。舉例來說：

- ・領導者用權力誘導結論，阻礙自由交流意見。
- ・與會者不聽別人說話，只是自顧自的發言。
- ・雖然有會議引導者，話題卻不停的繞圈圈，沒辦法做任何決定。
- ・遠距開會時，另一頭的與會者完全沒反應。
- ・只聽得到嗓門大的人的意見，在會議室中迴盪。

這些令人遺憾的情況，層出不窮。甚至在協商的最後，明明決定了行動方案，成員卻一副「我不知道」的態度，也沒人追蹤後續行動。像這種令人遺憾的狀況，我想只要是上班族，多少都心有戚戚焉。

我在管理階層研習和領導人研習中，接觸過許多主管，不少人都害怕在職場上和別人商量、開會，決定事情。「雖然丟臉，但我還是想問，要和部屬討論，到底該從何著手？」這種問題我已經聽過不下十次了，兩隻手都數不完。這也正是我撰寫本書的本意。

本書也嘗試在文字以外，使用大量插圖、圖表甚至是案例，來傳達討論的技術。不只藉由命題，也透過印象和事例，希望讓多數讀者都能透過本書，共享何謂優質的討論。

再者，這本書與其自己一個人讀，我更推薦讀者在職場討論前，大家一起閱讀。這麼一來，便能和其他人共享討論的技術，用共同的語言說話，溝通、商量時應該可以更為輕鬆。

討論的升級之旅，即將展開！

第 1 章

一直討論，還是沒結論？

1 棘手的事，怎麼取得共識？

前言曾提到，許多商務人士和學生都不擅長討論。原因有很多，但我要提出三個代表性的理由。這三個理由就是團隊成員同質性過高、從小歷經太多無用的討論、陷入正確解答主義的陷阱。以下將依序說明。

①團隊成員同質性過高

人們（日本人）不擅長討論的原因之一，是因為由近乎單一的民族構成[1]，在同質性極高的團體中，平時大家都以同一步調行動（採取一樣的行為）的結果。

針對日本社會的組織特性，東京大學教授中根千枝曾從文化人類學的角

① 團隊成員同質性過高
② 從小歷經太多無用的討論
開會
好麻煩……
③ 陷入正確解答主義的陷阱
正確答案
在哪裡？

1 近年的人文社會科學研究，已證實日本人並非完全單一的民族。所以一樣是日本人，其實也有各式各樣的人。附帶說明一下，連日本人這種身分識別，其實也都是在明治時期以後，隨著國民國家的形成而產生的概念。

度來考察。中根教授在其著作《縱向社會的人際關係》（タテ社会の人間関係，一九六七年，講談社）中指出，由單一民族構成的日本人，往往執著於共享場域，彼此要求全面、全人格、情緒性的投入。

人們在組織內部產生強烈的「我族意識」。相對的，對於組織外部、廣泛的「非我族類」，則抱持排他傾向。再者，在團體內，每個人都會採取同一步調。這裡所謂的同一步調，是指「配合周遭人的行動與意見，決定自己的言行」。

「棒打出頭鳥」這句話，就是最好的象徵。成員必須和大家一樣，所以不合群的出頭鳥，就容易被其他人撻伐。至於討論，大家都擔心如果在眾人面前吐露心聲，事後可能會遭到攻擊，害怕成為出頭鳥，以至於不太敢發言。

近年來，「心理安全感」（Psychological Safety）一詞受到很多關注，它是由哈佛大學艾美・艾德蒙森（Amy C. Edmondson）教授，在組織論（團隊研究）中使用的概念。

艾德蒙森教授表示，心理安全感指的是「在團隊中，就算承擔風險做了什麼事，也不會危及人際關係」。套用在討論上，就是「放心說出意見，也不會遭排擠」。

如果用這個流行語表現日本人的傾向，就是「日本這個國家，人民的同質性很高，常要求每個人以相同步調行動，但心理安全感很低」。

就這樣，大家都很重視「讀空氣」（察言觀色）。只要說的話破壞氣氛，就會變成出頭鳥。在這樣的環境下，大家心中隱約覺得，在眾人面前發言，風險很高。

感情好不等於能說心裡話

只要觀察大學生在團隊中說話的樣子，就能實際感受到這一點。乍看之下，你會覺得他們好像感情很好，彼此溝通無礙。可是感情很好和心理安全感的高低，其實是不同層次的問題（完全獨立的問題）。

請看下一頁的圖，縱軸是成員之間「感情好／不好」，橫軸是「有／沒有心理安全感」。從邏輯上來看，會出現以下①～④的象限。

①感情好，而且有心理安全感。

②感情好，可是沒有心理安全感。

③感情不好，可是有心理安全感。

④感情不好，而且沒有心理安全感。

其中④的「感情不好，而且沒有心理安全感」不在探討的範圍內。而③的「感情不好，可是有心理安全感」，很難在現實社會中發生。

①的「感情好，而且有心理安全感」是最理想的狀況，可是一般大學生反而更容易陷入②「感情好，可是沒有心理安全感」，也就是乍看之下感情很融洽，卻會擔心「我這樣說話，可能會破壞和諧」，結果大家都不敢說出真正的想法。

如果有機會，各位不妨去看一下大學的專案學習，也就是課程講座。在這些場合中，學生們分成四到五人的小組或團隊，探究並解決課題。乍看之下感情很好，可是沒有心理安全感的團隊，應該占了一定的比例。

許多職場也有這種狀況。同事間看似感情很好，但是針對真正的課題，大家都不表示意見，這真的是司空見慣。不論是在教育第一現場，還是在辦公室，組織內的成員都很難有足夠的心理安全感。

然而，**心理安全感卻是討論的必要基礎**。在過程中，大家必須針對主題，表明自己的意見。彼此尊重對方的意見與想法，同時互相交流，非常重要。

②從小歷經太多無用的討論

不擅長討論的原因，也有一部分來自於家庭與學校等成長、教育環境。

沒有人天生就厭惡討論。就算是幼稚園和托兒所的幼童，也不會說「我討厭和其他小朋友討論事情」。

可是到了小學三年級、四年級後，一提到討論，學童的反應就是：「什麼？」進入學齡期後，隨著年紀增長，很明顯開始變得厭惡討論。到了小學高年級或升上國中時，就已經出現抗拒感或「算了吧」的負面反應。

之所以會這樣，理由之一應該是從小經歷太多「無用的討論」。

如同前言所說，不管是在國小或國中，幾乎不曾教學生討論的技術。班會也好，委員會或社團活動會議也好，學生在沒學習過的狀態下參與討論。也就是說，明明不曾好好學習，卻得經歷許多實際討論的機會（或者有老師認真教了，但方法未落實生根）。

在這種狀況下參與討論，就會出現各式各樣的糾葛。如果與會者都能表明意見，得到的結果心服口服，自然是最好，但通常不會這麼順利。他們一定也遇過很多次情況，是只有聲音大的人滿意，其他人心裡則留下疙瘩。

傾聽每個人的意見、就算不同意也要聽別人把話說完，這些都是討論的原則，但很少人遵守，多數討論到最後，都逕自採用「多數決」。

當然，我不是指多數決有問題。問題在於採用多數決的過程中，彼此沒有確實的溝通，以及未好好商議決策的方法。

所謂的多數決，就是只有極少數的選項會被選中。舉例來說，要從十個中選出一個時，不管第一名和第二名的票數多麼接近，投給第二名以下選項的票全數作廢。**不商量決策的方法，只是急著找答案，所以就採取多數決，這樣大家自然無法心服口服。**

順帶一提，多數學生有「多數決病」，這一點經常在大學看見。在我的中原課程講座中也不例外。當學生要做決定時，不會特別商量，而是一下子就說「用多數決吧」，便開始投票表決。

所以，我在課程一開始，會先教學生「什麼是討論」、「集體決策需要什麼條件」、「什麼是對話」等內容。大學其實有許多必須教授的課程，但如果不從這些基本的內容教起，就無法正確的討論。

③陷入正確解答主義的陷阱

傳統的學校教育，都是大家一起上課，要求學生在短時間內找出統一的解答。

上課時，學生主要就是記憶、死背片段的知識和解題方法。也就是說，大家深信正確解答一定存在於某個地方，然後把這個解答記在腦中，這就是學習。

左頁的照片稱為「傳遞模式」（transmission model，也有人稱為導管模式）的溝通。圖中，管子是由上方的樂高人偶（教師），向下連結到下方的樂高人偶（學生）。從這條管子的上方流到下方的，就是答案。而下方的人偶（學生），把通過管子送來的「想法」記在腦中，這就是現今的學習。對下方的人偶（學生）來說，有人預備好答案，自己只要接受就好。

然而，如果像這樣，只是一味接受別人給的答案與知識，萬一要研究或是自行思考「沒有答案的事物」時，自然覺得棘手、麻煩。沒有正確答案、曖昧不清的事物，會讓他們覺得極端疲累。

另一方面，討論則是針對某個主題，在還沒有答案、定論的狀況下，大家一起對話、思考，也就是前述的「累人的行為」。對於盡可能不碰麻煩事、想趕快知道答案的「正確解答主義人士」來說，這很痛苦。

傳遞模式的示意圖，即由老師提供答案，學生只要接收就好。

可是這裡有個陷阱。世界上，越是關乎大多數人未來的重要事項，越沒有所謂的唯一解答。越分不清是非、或是社會還沒有定論的問題，看法越容易因人而異，答案也更為多元。

比方說，「該不該同意同性婚姻」等性別議題、「該以經濟發展為優先，還是以環境保護為優先」等環境問題、「為了拉近貧富差距，應該推行什麼程度的所得重分配」等經濟落差問題等，越沒有定論的課題，越沒辦法用普通的方法解決。

有些人的眼中看來可能是全黑的，但其他人看起來可能是全白的。重要的事，大都處於非黑非白的灰色地帶。

另一方面，在社會上，越是已有定論的簡單問題，越是黑白分明。而容易分清黑白的課題，任何人都有辦法決定必須做什麼。

然而，就像先前提到的，世界上的重要問題大都很難分得清黑白。正因為無法簡單區分，看法才因人而異，出現不同的想法。因此，在這樣的基礎上，如果要決定某件事，首先必須互相表明各自的想法與意見，確認彼此的差異。這個過程十分重要。

我總是告訴學生：「在這個世界上，越是重要的事，其實都沒有『正確解答』，也分不清『黑白』。在這種時候，無可避免的必須互相對話。尤其是越棘手的事務，越該重視對話。」

世界上有很多灰色地帶，討論才能找到解決方法

前面已經從職場、社會和學校教育等觀點，說明了為什麼人們不擅長討論。接下來，請大家一起思考，為什麼我們必須討論？換句話說，就是為什麼必須重新學習討論的技術？我認為有三大理由。

理由①　我們將活在一個更「不確定的世界」

↓在沒有解答的時候，大家必須一起絞盡腦汁思考。

理由②　必須突破「多樣性」

↓必須跨越差異，一起生活、彼此協調。

理由③　必須守護「民主主義」

↓必須找出可以用言語傳達，相互了解的部分。

討論的技術

之所以不擅長討論，理由就是①團隊成員同質性過高、②從小歷經太多無用的討論，③陷入正確解答主義的陷阱。即使如此，過去社會還是能順利運作，但未來就不是這樣了。現在必須重新學習討論的方法才行。

2 找到彼此可接受的選項

我們必須討論的最主要理由之一，就是越來越難找到正確解答。這個影響也遍及商業場合與學校。

以前不論是商務或是升學，都存在著勝利方程式——「只要這樣做，就沒問題」，原則上只要照套，就會成功。

學校教育也要求學生背誦固定的答案與知識。而商業領域中，在高度經濟成長的大量生產時代，只要低價生產固定的大批產品，就可賺取龐大的利益。

可是近年來，我們越來越難找到正確解答。在沒有正解的世界，沒有人知道該怎麼做，所以必須一起絞盡腦汁、找出解決之道，而且要共同決定找答案所需要的方法。

六十年前的老闆有暢銷方程式，勞工聽話就好

如果用更具體的事例來說明，最簡單明瞭的，就是日本工商業的變化。如同先前提到，日本在一九五〇年代到一九七〇年代中期的高度經濟成長期，每個國民都喊著「我要大家都有的商品」。國民都想要冰箱、洗衣機、電視機這「三神器」，所以只要能又快、又大量的生產，就賣得出去。

意思就是，廠商知道要生產什麼才好，知道「商業上的正確解答＝勝利方程式」。只要能有效率的、又快又低成本的產出，這樣就夠了。在過去的時代，越是利用低廉勞動力，讓工廠持續運轉，越能賺錢。

在當時的時代背景下，需要大量擁有一般基礎學力、願意工作的人。因此，學校與其培養學生的思考力和創造力，或培養求知的學養，不如把焦點放在養成穩定的基礎學力。當時，比起獎勵兒童的創意巧思，學校更重視的是學生遵守規定、聽老師的話、做好老師交代的事。

當時需要的，是大量有基礎學力、聽話做事的勞動力。因為事先已經決定好該生產什麼，所以不抱怨、願意長時間工作的勞工就會受到器重。此外，

也會要求管理勞動力的領導者（管理階層），別讓員工抱怨、講道理，並號令員工工作，以達成公司的目標。

說得極端一點，不抱怨、認真完成交辦工作的員工，與不讓部屬抱怨、下命令的領導者，就是當時所須的人才樣貌。學校教育和商業（以及商業場合中需要的人才）彼此影響。

現代沒有正確答案，就得靠各領域人才

但高度經濟成長期結束，社會成熟、物資豐足後，民眾開始改變了。他們不再追求大家都有的東西，而是渴望別人沒有的東西。

也就是說，人與人之間，開始出現一種心理（心態），認為擁有和別人一樣的東西很遜。商品和服務開始成為「差異的符號」（與眾不同的印記）。從「和別人一樣」到「和別人不一樣」，人們的欲望無止境的改變。

再用一個例子來說明。在高度經濟成長期，小孩子的書包全都是非黑即紅，沒有人講究設計，所以當時的廠商只要想辦法，用低成本生產黑色和紅

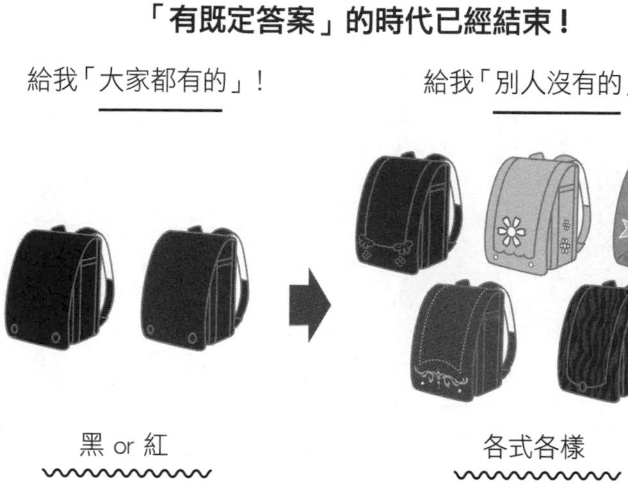
「有既定答案」的時代已經結束！
給我「大家都有的」！
給我「別人沒有的」！
黑 or 紅
各式各樣

色書包就夠了。

可是當人們追求「我要獨一無二的商品」後，就行不通了。只生產紅色和黑色的書包，結果就是賣不掉。各式各樣的要求（欲望）越來越多，追求外型、設計、機能等。而且才沒過幾年，潮流又改變了，又有一波再一波的新流行出現。

就這樣，黑色和紅色的書包不再像以前那麼好賣，如今廠商必須準備獨特、別人沒有的產品。

現在每年五月左右，只要去賣場逛逛，就可以看到多樣化的書包種類，以因應顧客的需求。光是顏色就有淺紫色、金屬海軍藍、珍珠綠等數十種，每家廠商還推出不同的設計，在外型和刺繡等小細節下工夫，製造出漂亮的書包。甚至還有多種機能，如輕量化、有各式各樣的口袋分隔、透氣通風等，讓人目不暇給。

在這樣的狀況下，帶領組織的領導者以及其中的成員，自然也和過去截然不同。以前的領導人只要大量、低成本的生產紅色和黑色的書包，就能銷售出去，所以只要下令「總之，紅色和黑色書包，能生產多少，就給我生產多少」即可。他們會想辦法強迫員工長時間工作，讓工廠持續運轉，這樣才會賺錢。可是相對的，現在的領導人如果只是重複精神主義式的言論（按：只要有毅力，什麼事都辦得到），對獲利沒有任何幫助。

調查明年、甚至後年的流行商品和服務，並行銷推廣，思考包含生產管理、材料採購等各方面課題，決定「生產什麼」十分重要。在過去，答案有人給（一開始就知道的事）；但現在，必須大家一起思考，一起決定答案。要找到新答案，光靠領導者一個人是辦不到的。必須由行銷、材料、生產管理專家等人發揮各自的強項，找出明年、後年顧客喜歡的商品。

為了盡可能找出正確解答，各單位必須發揮各自的強項，大家一起討論，持續探索市場[2]。順帶一提，這種變化不是書包業界獨有的現象，就連日本的優勢——汽車業界也出現了相同的浪潮。

在過去的汽車產業，只要生產 Carola、Crown 等四門轎車，自然就賣得出去。現在除了必須預備運動休旅車（SUV）、多功能休旅車（Minivan）等燃油車之外，還得備齊油電混合車、電動車等各式各樣車種。

甚至是日本代表性的汽車大廠豐田汽車（TOYOTA），還努力轉型成提供所有移動手段的「運具公司」。豐田汽車的下一個願景，可能就是以汽車為中心，建立一個串連所有金融與運輸等運具為主的市鎮。

一旦這樣的願景成真，豐田就不只是生產汽車，還必須一起商議、構思，建立以運具為主的市鎮需要什麼、要滿足這些需求必須製造什麼，並得到共

2 活用自己的強項、貢獻團隊，以領導論的術語來說，就是「共享領導」（Shared leadership）。這是在二〇〇〇年代後廣受矚目的領導論。在共享領導中，領導人並非永遠是同一個人，而是由擅長目前工作的人擔任領導者，而當進行其他人擅長的工作時，這位領導者就變成追隨者，貢獻團隊。根據大家決定好的目標分配工作，「我可以做……」、「你要不要做……？」決定各自貢獻的任務角色。今後採用這種領導方式的團隊將越來越多，但這麼一來，討論就更重要了。

識才行。

事實上，豐田汽車已經和包含軟銀（SoftBank）在內的許多資訊科技（ＩＴ）企業攜手合作，但和其他公司合作的過程中，一定會出現溝通問題。

不同的公司之間要共享願景與目的並實行，不能只靠一搭一唱的默契或心意相通。討論的方法和技術會更為重要。這麼一來，在沒有正確答案的時代，討論將會成為必備的基礎技能。

討論的技術

事先清楚知道正確解答，「只要這樣做就ＯＫ」，這種時代已經結束了。為了探究答案，必須由多樣化的成員發揮各自的強項，一起討論，決定要生產什麼（要一起完成什麼）。此時，討論會成為「沒有答案的時代」的人們，必備的基礎技能。

3 意見多元更有力量

為什麼我們必須具備「討論」的思維？

第二個理由就是，在全球化、高度資訊化的發展下，組織本身也將失去同質性，開始受到多樣化的挑戰。

在過去，說得極端一點，職場中只有單一國籍、男性、正式員工，一成不變的成員（老臉孔），大家同吃一鍋飯，悠閒自在的溝通，長時間待在職場工作，用一搭一唱的默契來決策。

這種景象就像是中世紀默守成規的封閉社會。這種社會的會議，就是由年長者或聲音大的人主導，就像是村議會一樣。參加者彼此察言觀色、觀察氛圍，決定事情。

職場更多元，要共事就得協調

然而到了現代，這種組織已經很難維持了。理由是，一、資訊化；二、全球化；三、脫離長期雇用，以及因人力不足而聘僱更多中途轉職的員工。

關於第一個理由（資訊化），現在我們受惠於網路的力量，可以和遠在地球另一端的人組成團隊、一起工作。

我身邊也有一家ＩＴ公司，將程式設計的工作分包到緬甸和日本。也有公司在鄉下聘僱當地優秀人才，讓他們遠距工作。職場和團隊成員未曾見面卻一起工作的情況，已經稀鬆平常。像這樣的工作方式，很難長時間與同一群人、在固定的職場建構人際關係，一搭一唱的默契已經無法發揮作用。

第二個理由是全球化。因為今後本土市場如果萎縮，許多公司將開始努力開拓國外市場，研發以外國人為客群的新商品與服務。此外，也有越來越多企業實行跨文化的併購（跨境的企業合併），納入外國企業作為團隊成員。

在這層背景下，雇用外國人、和外國人一起工作的機會，自然也會逐步增加。這是因為日常溝通的對象不再只是本國人，所以更需要互相傳達彼此的想法，用語言明確溝通。

舉例來說，日本 IT 大企業 Mercari 裡，有許多外國籍的員工，印度、歐洲、美國、中國、日本等四十個國家的人一起工作。Mercari 並未特別指定公用語言，國籍已不再重要。

今後，和外國人一起工作的職場，一定會越來越多。我想，這樣的變化應該會從前兩成的高所得階層，以及所得倒數兩成的階層開始擴散。

前兩成的高所得階層，是在 IT 公司、顧問公司、研究機構等，從事知識生產的白領階級；所得倒數兩成的階層，則是從事工地工作等大量體力活的藍領階級。這些變化應該也會逐步拓展到中間六成的人。即使你現在的職場只有本國人，幾年後很有可能會和外國人一起工作。

在全球化與資訊化的浪潮下，在未來的社會，我們都必須敞開胸襟，與其他不同特性的人討論，創造成果。

第三個理由，則是脫離長期雇用，因人力不足而聘僱更多中途轉職的人。過去的日本企業，原則上統一聘僱社會新鮮人，且實現長期雇用。不少公司還會盡量減少員工離職和轉換跑道，維持無人流動的狀態。

然而，近來已經有不少企業，開始重新檢討長期雇用制度。有些公司改採「工作（Job）型雇用」，也有公司重新調整過於重視年資的薪資制度。還有越來越多公司根據工作表現打考績（Pay for Performance），不再是待得越久、領得越多。在這樣的背景下，企業的人員流動已經越來越平常了。

人手不足也讓這個現象雪上加霜。舉例來說，根據 PERSOL 綜合研究所與日本中央大學推估，這種狀況如果持續下去，全日本到二〇三〇年的人力缺口，將會達到六百四十四萬人[3]。企業重新檢討長期雇用制，再加上人手不足，長期待在同一個組織的員工將越來越少。

今後，聘僱轉換跑道的人只會越來越稀鬆平常，大家必須和不同性格、環境差異的人溝通。為了因應職場多樣化，人與人的日常溝通將更為重要。

前面提到職場多樣化的現象，但或許有些讀者會想：

「不要突然談這麼嚴肅的話題啦。全球化、資訊化都和我們公司無關，離我們還很遙遠。」、「長期雇用制也很穩定，我們公司百分之百都是本國人。到目前為止，甚至是今後，都一樣會團結一致，過得悠閒自在。」

同人種、同文化，觀念也會天差地遠

職員都是本國人、採用長期雇用制度的企業中，或許會有員工抱持這種想法。可是，我覺得這種安穩的環境，很難長久持續下去。一樣是本國人，但彼此之間的想法和價值觀也可能十分兩極，雙方意見相左。

正確來說，我認為就算到今天，國人之間也存在多樣性。過去彼此之間的差異不過是被掩蓋了，現在才開始浮上檯面而已。之所以這麼想，是基於「表面的多樣性」與「深層的多樣性」這兩個要素[4]。

所謂表面的多樣性，是指肉眼看得出來的人種、宗教、國籍等差異。就像前面談的一樣，社會逐漸融入不同的人種、文化，表面的多樣性也越來越明顯。

---

3 PERSOL 綜合研究所、中央大學「勞動市場未來推估二〇三〇」（https://rc.persol-group.co.jp/thinktank/spe/roudou2030/）。

4 Lambert, J. R., & Bell, M. P. (2013). Diverse forms of difference. In Roberson, Q. M. (Ed.) The Oxford Handbook of Diversity and Work (pp.13-31). New York: Oxford University Press.

另一方面，深層的多樣性指的是想法、價值觀、習慣、志向、技能等的內在差異。這些都是外觀無法分辨的特徵。

我們過去可能不太注意深層的多樣性。只要是本國人，就不分青紅皂白的，全當成是一樣的人，很少顧及肉眼看不出來的內在細微差別。

然而，近年來狀況開始改變。在被視為相同國籍的人之中，也有多樣的想法和價值觀，社會也開始意識到這一點。我們開始發現在深層意識中，意見與價值觀完全不同。

人們透過中、長期在家庭的成長經歷、學校教育經驗、工作經驗，花費很長的時間，建立起深層的多樣性。這些人在什麼樣的環境成長，父母採取什麼樣的教養態度，又過著什麼樣的學校生活？也就是說，這些人身處的「周遭環境（箱子）」影響了他們的深層多樣性。

比方說，像「在人生中你是否、又有多麼重視工作？」、「將來你是不是想越晚退休越好？」、「就算換跑道，你是不是也覺得，能持續成長的工作環境比較好？」、「你是否想面對許多人工作，還是不想？」等，這些工作價值觀也是其一。

藉由每個人生活的「周遭環境（箱子）」，
讓社會產生深層的多樣性

乍看之下相同，但其實彼此之間也出現許多分歧，「周遭環境（箱子）」也出現很大的差異。特別是經濟能力差距日益嚴重，有時根本無法建立共識。

團隊成員多樣化，共識靠溝通

這麼一來，不只表面越來越多樣化，也意識到深層多樣性的人們，很難待在同一個職場中。大家雖然嘴上說「多樣就是力量」、「多樣化有助於創新」、「想法各不相同的人才能催生出好點子」，但要把它轉化成正向的力量，其實沒有那麼簡單。

多樣性帶有一點離心力的特質。各式各樣的多元人才聚集在一起，有時反而很難團結、發揮力量。在勞動相關研究中，有些研究結果證實，多樣性能發揮正向作用；但也有研究結果顯示會帶來反效果、出現社會性的偷工減料或影響表現[5]。

然而，在現代社會，我們無法避免與多樣化對抗。我們必須和價值觀截然不同的人，一起逐步解決職場內的各種課題，同時提升職場實力，也必須建立團隊。

如何才能在多樣化的戰爭中獲勝？答案很簡單。就是要正視對方，敞開心胸交流，花時間凝聚共識，除此之外別無他法。也正因如此，我們必須學會本書的主題——討論的方法與技術。

討論的技術

在全球化的影響下，今後的社會更仰賴不同文化、不同社會背景的人彼此合作。不只如此，深層的多樣性——乍看之下同質性高的人們，也存在著各式各樣的價值觀，因此我們必須藉由討論的力量，突破多樣性的高牆。

---

5 在多樣化相關研究中，其帶來的影響也是有好有壞。Joshi, A., & Roh, H. (2009). The role of context in work team diversity research: A meta-analytic review. Academy of Management Journal, 52, 599–627. etc.

4 我不同意你的觀點，但我捍衛你表達的權利

說得誇張一點，我之所以認為應該學習討論的技術，第三個理由就是我們一直深信不疑的民主主義，正面臨全球規模的危機。

最具象徵性的例子，就是二〇一六年的美國總統大選。唐納・川普（Donald Trump）巧妙操弄美國日益嚴重的貧富差距、貧窮問題……也就是操弄「擁有的少數」與「缺乏的多數」之間後者的怒火，於二〇一七年成功當選美國總統。

當時川普推動帶有排外主義色彩的政策，常說出撕裂美國內部種族和諧的話。到了政權末期，他甚至被指控煽動支持者襲擊民主主義殿堂象徵的國會。

不交流，民主開倒車

之後民主主義的走向越來越撲朔迷離。新冠疫情期間，與民主主義背道而馳、一黨專政獨裁的中國崛起，對美國的霸權虎視眈眈。近來又有烏俄戰爭、中國在東海與南海的武力威脅等，緊張態勢高漲，「專制主義國家 vs. 民主主義國家」的對立日益明顯。

幾年前，如果有人說「民主主義面臨危機」，可能還有人覺得是在胡說八道。但現在全世界正處於這股潮流，以及與之對抗的行動中劇烈激盪。

我是在二〇一〇年代後半，直接感受到這件事；而真的如此確信，則是在二〇二〇年。該來的還是來了，當我看到各大報的報導，出現「民主主義，成為少數派」這種標題時，心中不禁感嘆。[6]終於走到這一天，連新聞報導都出現這種用詞了。

民主主義瀕臨危機，這個現象不只發生在海外，我覺得日本也一樣。

6《日本經濟新聞》「民主主義成為少數派」，二〇二〇年十月二十六日。

允許集團自衛權的憲法解釋問題、日本學術會議中的委員任命問題（按：日本學術會議是內閣府的特別機構，二〇二〇年菅義偉擔任首相後，正巧碰到日本學術會議半數成員定期改選，通常首相不會干預委員名單，只做形式任命，以象徵學術獨立與言論自由。但這次菅義偉拒絕任命其中六名會員，引發學術界震動）。日本特別是在國家安全政策方面，偶爾也會看到執政的部分政黨，在未充分盡到說明責任之下，強行推動自己相信的政策。

不對國民盡說明的責任，在國會含糊其辭，重複不得要領的質詢與答覆。說得極端一點，就是「詞彙貧乏，輕視溝通」。當然，比起其他國家，事態可能還不算很嚴重[7]，但我還是覺得有越來越多跡象，讓我感受到民主主義的退步。

然而，當政治出現詞彙貧乏與輕視溝通的情況時，就必須注意。一般來說，在民主主義之下，發生任何問題和課題時，就會由參加者經由有邏輯的意見論戰（討論），導出答案。可是此時如果陷入詞彙貧乏與輕視溝通，人們就不再想參與政治、不再認為政治是自己的事。

事實上，日本國民中，也的確已經出現一群人避諱談政治。最敏感的就是年輕一代，二〇一九年日本財團實施「十八歲意識調查」，以世界各國十七歲至十九歲的年輕人為對象，詢問：「你認為自己可以改變國家和社會嗎？」結果只有一八・三％的日本年輕人回覆肯定的答案[8]。相較於其他國家回答問題的年輕人，日本榮登倒數第一名。

平常我在大學課堂上，總是告訴學生要豐富的使用詞彙，面對無法理解的人，也要努力溝通。我告訴他們，這麼做或許很累人，但很重要，因為這是打造民主主義世界的基礎。我不認為民主主義是萬能的，但回顧人類歷史，我們還找不出其他更好的統治系統。

看看近年來（日本）政府一連串的行動，我很擔心大眾已經捨棄這種價值觀。

---

7 英國財經雜誌的研究機構「經濟學人智庫」（Economist Intelligence Unit）每年公布「民主指數」，二〇二一年版中，在實現「完全民主主義」（Full democracies）的國家中，日本僅次於臺灣、韓國，名列亞洲第三。

8 日本財團「十八歲意識調查 第二十次主題：對國家與社會的意識（調查九個國家）」https://www.nippon-foundation.or.jp/who/news/pr/2019/20191130-38555.html。

在各國 18 歲的年輕人中，回答「我認為自己可以改變國家和社會」的占比，日本排名倒數第一。

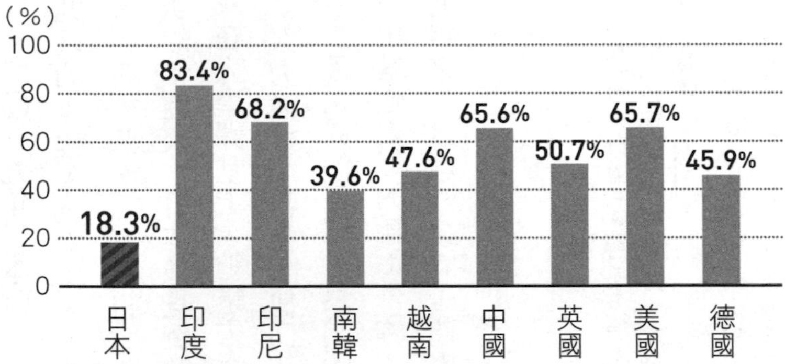

資料來源：日本財團「18 歲意識調查」第 20 次，主題：「對國家與社會的意識」（調查 9 個國家）。

輕視討論和邏輯，就會孕育出獨善其身、「隨你們去」等放棄的想法。這樣下去，未來就會由一小部分的人，憑著他們的喜好決策，這種未來註定破滅。

我很擔心這樣下去，會動搖民主主義的根本，大家將不再對話、討論，不再願意凝聚共識，決定自己的未來。最終如果走向國家主義和國粹主義（按：認為本國的歷史、文化、政治優於他國，並意圖守護、發展的主張）等扭曲的愛國主義，就會退化到二次大戰前的狀態。

要脫離這種危險的狀況，就必須重新回歸民主主義的基礎——「討論的意義」。

民主應是公開討論，捍衛表達權力

民主主義的本質究竟是什麼？東京大學教授宇野重規的著作《什麼是民主主義》（民主主義とは何か，二〇二〇年，講談社）指出，民主主義的本質就是「權力歸於人民」（Power to the people）。簡單來說，人民擁有權利和權力，就是民主主義的根本。

那麼，民主主義成立的條件有哪些？宇野教授提到以下幾項（筆者摘要，部分修改）。大家看過所有條件後，應該知道這些就是討論、決策時需要的原則。

一、所有人都能參加。

二、自己的未來由自己決定。
三、公開議論，且過程透明公開。
四、決策。
五、加入少數派意見後運用。
六、自動自發的遵守決定。

其中，關於「三、公開議論」，法國哲學家伏爾泰（Voltaire）的名言就是最好的寫照。伏爾泰曾說：「我不同意你的觀點。但我誓死捍衛你表達的權利。」

也就是說，在民主主義下，大家想法不同也無妨，每個人可以表達反對意見，但重要的是捍衛表達的權利。而且為了預防隱匿或竄改等，還必須公開討論的過程。

在公開討論中，探索彼此的意見與想法的分歧點也很重要。所謂的分歧點，就是「如果是到這裡為止，可以一起執行；但如果是到這裡為止，就無法一起做」、「到這個部分，我贊成你的意見；但到這裡為止，我的意見和你不同」，也就是彼此想法交錯的那一點。

透過議論，了解彼此接納哪些範圍，又從哪裡開始無法相互理解。此外，從對方的主張中，找出是否有該列入考慮的地方，這一點也很重要。

民主主義的世界，沒辦法光靠關係好，就可以解決一切，還是會有對立與糾葛。但即使如此，也要珍惜所有的和諧與對立，持續討論。如果遇上對抗就想放棄，就稱不上是民主主義了。

以上說明了民主主義的原則，接著要說明構成其基礎的「討論」的原則，但現今就世界範圍來說，原則依舊很不穩固。大家必須再次確認人與人之間的對話原則與做法才行。

本章到目前為止，說明了為什麼我們應該學習討論的技術。理由包括以下三點：

一、在不確定的世界越來越廣泛的現代，大家必須一起絞盡腦汁，才能創造新事物。

二、人們必須跨越日益升高的多樣化高牆，一起生活、彼此協調。

三、我們必須守護民主主義，守護眾人都能自由生活的社會。

要解決這些問題可不輕鬆。畢竟世界上不存在什麼魔法棒或魔法粉末之類的神奇東西，輕輕一揮就能解決問題。結論就是每個人都必須面對他人，互相尊重、溝通，一起找出可以實踐的部分。

因此，首先就是要讓更多人深入了解「討論」，並熟悉這門技術。

討論的技術

現今民主主義正面臨危機，問題的根源就是詞彙貧乏與輕視溝通。為了找回重視言詞與邏輯、發揮知性的世界，討論的技術不可或缺。

第一章總整理

- 我們為什麼不擅長討論？有三大理由：
  1. 團隊成員同質性過高。
  2. 從小歷經太多無用的討論。
  3. 陷入正確解答主義的陷阱。
- 今後，討論將越來越重要的三個背景：
  1. 我們將活在一個沒有正確解答的世界。
  2. 必須突破多樣化。
  3. 必須守護民主主義。
- 「你照做就對了」，這種領導模式已經落伍了。為了探究答案，必須利用討論的力量，活用多元化成員的專業。
- 深層的多樣性，就是人們乍看之下好像都一樣，但各自抱持著各式各樣的價值觀，因此必須經由討論的力量，突破這些「多樣性高牆」。
- 劣化的政治，民主主義的危機，問題的根源是詞彙貧瘠與輕視溝通。為了找回重視言詞與邏輯的社會，討論的技術不可或缺。

第2章

對話的力量

1 不要先下結論

討論由兩個階段構成，也就是①對話與②決策（議論）。第一階段的「對話」（Dialogue），直截了當的說，就是表露彼此意見的分歧與差異，以相互了解的溝通模式。

先對話、再決策

原本「Dialogue」的語源「Dia」，就有交流之意。後面再加上「Logue ＝ Logos（語言）」，所以 Dialogue 的意思，是人與人透過語言對等的交流。如此一來，就會表露出每個人的想法差異。

而對話的效果，就是釐清「針對某個問題，有A和B意見，兩種意見某部分不同」，並暫時與成員共享，不立刻下結論，而是先深入理解彼此的差異。

回顧歷史，就傳統上來說，人們很不擅長這種對話。二十多年前，各種學者專家，如中島義道的《沒有〈對話〉的社會》（〈対話〉のない社会，一九九七年，PHP研究所）、平田織佐（暫譯）的《對話課》（対話のレッスン，二〇〇一年，小學館）等，就指出「人們的溝通弱點，就在於無法對話」。

時光飛逝，社會和人們的溝通風格是否有了變化？就像上一章描述的一樣，我認為情況反而更奇怪了。我對先賢們的先見之明十分敬佩，同時也在某種緊張意識和覺悟之下，著手撰寫本書。

第二個階段就是「決策（議論）」。

成員之間，不論經過多少對話，最終如果無法決策，就無法向前邁進。如果要前進、創造成果，那麼在對話的最後，必須拿出勇氣做決定才行。

那麼，決策有什麼必要條件？那就是議論（discussion）。所謂議論，原本就帶有清楚分出勝負、分清黑白的意思。不過，議論並非駁倒、貶低對方，而是要理性的比較、檢討意見A和B，哪一個比較優秀（更好一點），最後

「討論」的兩個階段

① 對話

每個人表明自己的想法，認識並承認彼此想法的差異。

② 決策

議論後決定。

再做決定。正因為對話之後有了議論，才能決策。

認同彼此差異，是對話的目的

了解以上關於對話與決策的定義、定位後，接下來將更深入了解這兩者。首先是對話。如下頁插圖所示，對話就是多人向彼此表露自己平常隱藏的經驗與價值觀，讓其他人知道。

現在，穿著黑色衣服的人（A）有意見「A」。相對的，穿著白色衣服的人（B）有意見「B」。平常隱藏起來的意見差異，現在就一一擺在大家面前。

在討論的階段一「對話」中，首先要暫時認同這些差異。當然，這不是要大家立刻統整出相同意見，而是意見A的人先暫時認同B意見的存在。

這麼一來，如同下頁插圖下方所示，在A的腦中就會有一直以來抱持的「意見A」，與剛剛聽到的「意見B（b）」。相對的，在B的腦中就會有過去以來認為的「意見B」，與剛剛聽到的「意見A（a）」。雖然A和B

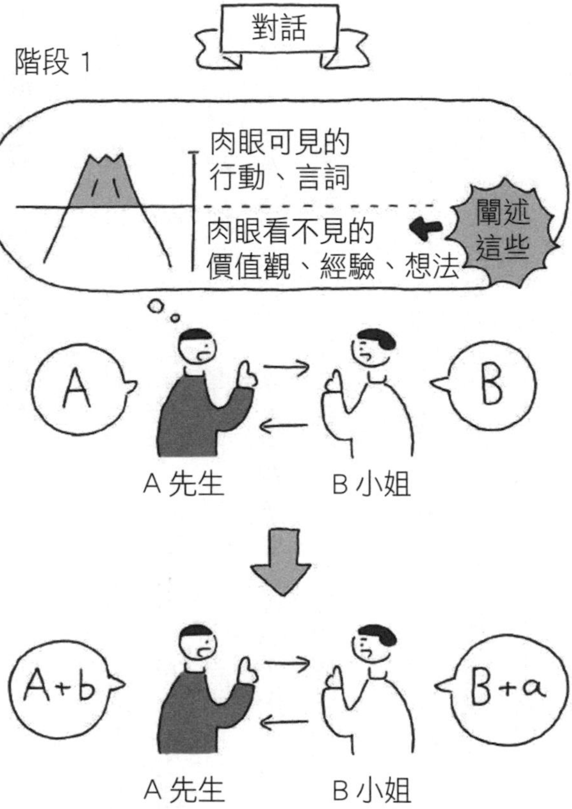

互相表達自己的意見，了解彼此之間的差異。

兩人可能無法輕易取得共識，但可以認知到平時無法掌握的想法差異。在各自的腦中，加入與自己稍微不同的認知（A＋b和B＋a），就是對話。

其次就是討論的階段二「決策」。如同下一頁的插圖所示，決策就是要超越彼此的意見，經過比較、檢討各式各樣的資訊後，最終決定要採取A還是B。

現在在A的腦中，有原本自己的「意見A」，和對方的意見、想法（b）＝「A＋b」。相對來說，在B的腦中，也有原本自己的「意見B」，和對方的意見、想法（a）＝「B＋a」。

為了推進事物，到頭來，重要的是在某個場所，選擇並決定大家一起做什麼。此時要運用邏輯與理性，同時比較、檢討各式各樣的選項後決策，這種溝通就是議論。在下頁上方的插圖中，A和B兩人經過比較、協商「A＋b」和「B＋a」兩種意見與認知的結果，最終決定採取A。不過，如同B所言，在實行A時，也要考量到B的「意見B」，雙方也對這一點達成共識。

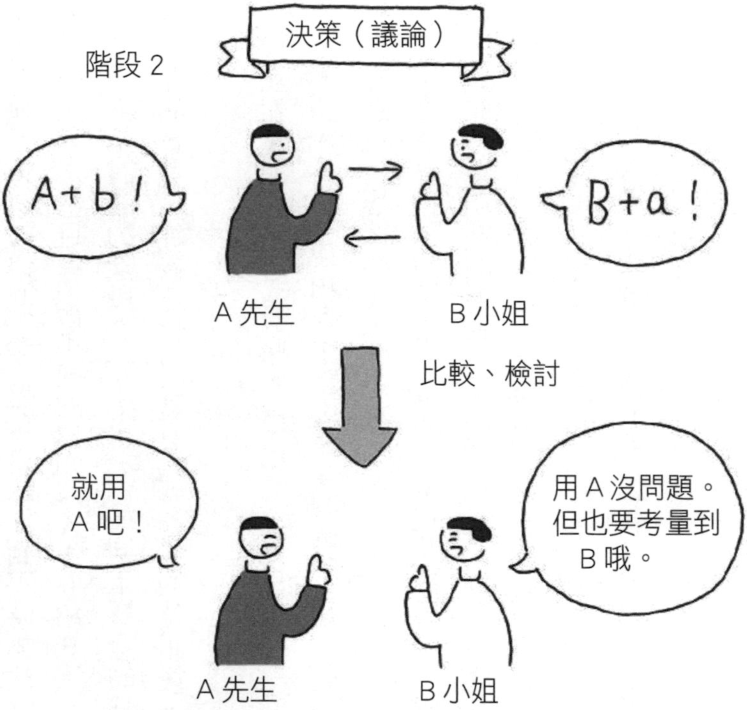

評估優、缺點，獲得令人信服的結論。

對話與決策的平衡圖

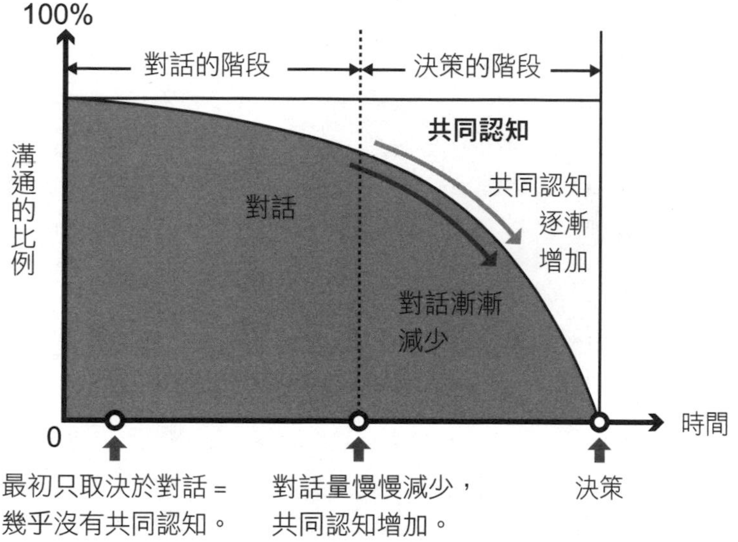

認清自己在對話還是做決策

接著，由對話階段，進展到決策（議論）階段，又經過了什麼樣的程序？用圖表表示的話，就是上面的對話與決策的平衡圖。

在對話階段呈現彼此的意見差異，並探索共同點，也找出無法互相理解的部分。隨著對話進行，彼此間的意見歧異慢慢減少，共同的認知越來越多。

這麼一來，在對話量逐

漸減少的階段，就進入「決策（議論）」階段，最終由與會者自己做決定。

所以，在相互討論時，成員必須對以下兩點有共識，這是討論的重要條件：

一、現在是在對話或決策（議論）的哪個階段，彼此討論？

二、今天是只要對話就好，還是最後必須做出決策？

最重要的是，要一直意識到目前所處的階段，到底是「對話」，還是「決策（議論）」。

討論的技術

討論是由①「對話」階段、②「決策（議論）」階段構成。成功的討論，是參加者都意識到「現在是對話時間」、「接下來是決策時間」，明白目前處在哪個階段。

專欄

議論、閒聊與對話，有什麼不同？

日常生活中，會遇到各式各樣的溝通。其中頻率較高的，大概就是議論和閒聊。讓我們思考一下，這兩者與對話有什麼不同。

首先，如同前面提到的，議論是比較、檢討「X應該用A做」、「不不不，X應該用B做」等選項，然後得到「X應該用A做」的唯一決策。如同下頁插圖所示，如果用符號來表現，議論可說是「A或B」的溝通，再從中決定該採用哪一個方案。

另一方面，閒聊就是說些無足輕重的閒話。這些談話可能無須催生某些變化，有時甚至也不必有結論。可說是以交談本身為目的，也是沒有目的的聊天。如果要用符號來表現的話，就是每個人隨性交談A、B、C、D四種意見，並樂在其中。

問題在於對話。所謂的對話，就是表露出彼此的想法、感受，並確認各

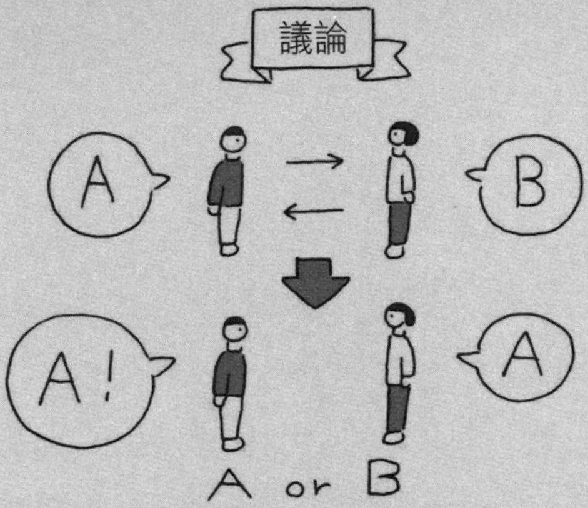

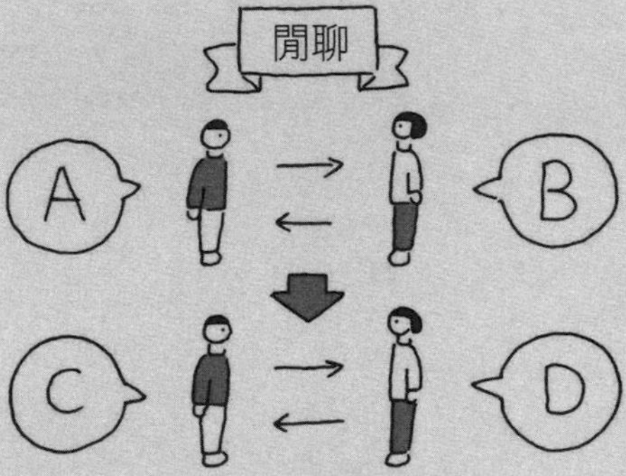

沒有結論

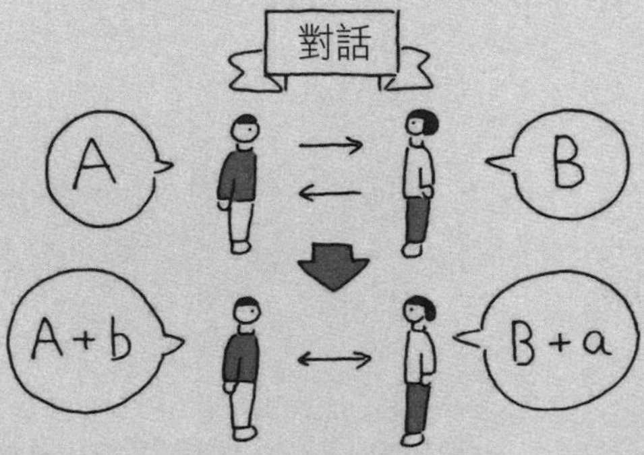

理解其他人的意見

對話，是要確認彼此的意見差異

A 先生　　B 小姐　　C 小姐

➡ 先理解所有參加者的意見。

自差異的溝通方式。

假設現在針對某個主題，有人持意見A，也有人持意見B。每個人在對話中表達自己的想法，成員也暫時接收對方的想法和感受，所以贊同A的人也會聽到B。但因為人人都有各自的意見，所以在A的腦海中，就會留著「A＋b」。

另一方面，贊同B的人會聽到A的想法（a）。但贊同B的人也不會立刻就改變自己的意見，所以B的腦海中會留著想法「B＋a」。而形成「A＋b」和「B＋a」的過程，就是對話。

也就是說，每個人表明自己的想

法後，其他人一一接收，但大家都不會立刻改變自己原先的意見和想法，反而會去思考「原來別人想的和自己不同」，體認到原來其他人抱持不同觀點。

換言之，知道原來其他人是怎麼想的、明白有不同的想法，就是對話。說得直白一點，對話是為了讓其他人知道「〇〇認為這種想法是好的」。

對話的程序是討論不可或缺的一環。舉例來說，假設有三名參加者，彼此分享各自的意見Ａ、Ｂ、Ｃ的過程，就是對話。其目的是要確認彼此想法的差異，理解所有參加者的見解。

順帶一提，在探討閒聊與對話的差異時，另一個參考的基準就是「共話」的概念。

早稻田大學教授多明尼克．陳（Dominique Chen）專攻資訊學，在其著作《創造未來的言語 搭起互相理解的橋梁》（未来をつくる言葉 わかりあえなさをつなぐために，二〇二〇年，新潮社）中，引用日語教育學家水谷信子的獨創研究[9]，介紹「共話」（Synlogue）以作為清楚理解「何謂對話」的參考基準。

陳教授表示，所謂的共話，就是說話者之間一邊互助完成彼此的句子，

9 「由共話到對話」（共話から対話へ），水谷信子，一九九三年，《日本語學》Vol.12 No.4 pp 4-10.

什麼是共話

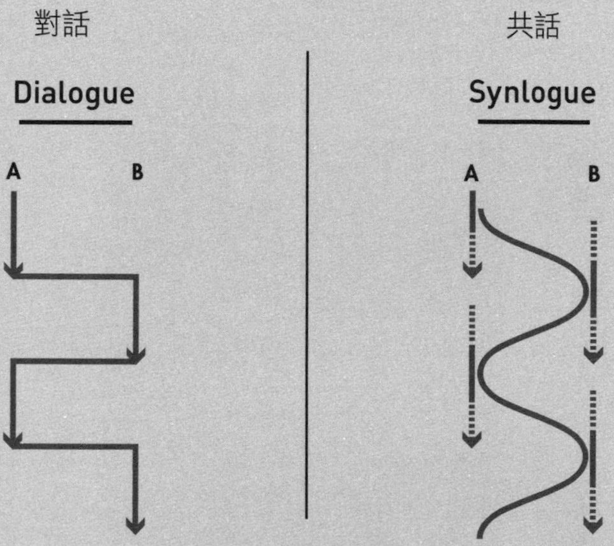

資料來源：《創造未來的言語 搭起互相理解的橋梁》，多明尼克．陳（Dominique Chen），2020 年，新潮社，p.163。

一邊推展的會話形式。

例如，在該著作中，他舉例說明以下會話就是「共話」：

A「今天的天氣啊……，」

B「嗯，真的讓人神清氣爽。」

在兩人的對話中，A將未完成的句子，也就是「今天的天氣啊……，」拋給B，B在「嗯」一聲接收後，用「真的讓人神清氣爽」一句，完成A的句子。這可謂是一搭一唱的默契，A和B彼此呼應，建構了舒服自在、放鬆的溝通，這就是共話。

陳教授用第七十一頁的圖，來表達對話與共話的差別。以這張圖來看，所謂的共話就是：「一方說完話之前，另一方插話，A和B一起完成句子，就如同所謂的一搭一唱。」

另一方面，對話則是一方發言結束後，換另一方發言，依序話語交替（turn-taking），以表明各自意見。加入共話的概念作為輔助後，就更有助於清楚了解閒聊與對話兩者的關係。

2 五大討論病，你犯過哪一種

前面試著從各種角度，說明對話和決策（議論）的概念。

不過，就像我一再重申的，當我們提到討論時，大多數人的印象是否都是「令人遺憾的討論」？我覺得，特別是討論時會出現的以下五大毛病，似乎正在四處蔓延：

①總之先咬對方再說。
②對話浪漫主義。
③大家都不同、大家都對。
④用問卷吸納意見。
⑤沒人繼續。

接下來，就一一了解其中的細節。

①總之先咬對方再說

這種毛病，指的是在對話的階段，無法先暫時接受其他人的意見，反而是一聽到後，就立刻否定或反駁，最壞的狀況甚至想要駁倒對方。

①
總之先咬
對方再說
是這樣沒錯啦，可是
這不是很奇怪嗎？

不管對方說什麼，反正先回答：「不對吧，應該不是這樣？」或是「話是這樣說啦，但這不是很奇怪嗎？」一個勁兒的否定或反駁。有這種毛病的人，無法聽取、接受、解釋對方的意見。

有三種人會得到這種病。第一種人，就是對自己不太有自信，所以透過不斷否定別人，來保護自己。第二種人，就是一直誤以為必須占對方上風才行。至於第三種人，則是認為不管意見好不好，先否定或反駁再說。因為他們認為所謂的討論，就是要激辯一番，以為直接表明自己的意見，就是幫助對方。

討論時，最重要的是彼此先表明意見，並暫時接納。因為要是缺乏這個態度，加上參與討論的成員之中，有這種毛病的人很多，氣氛就會變得很差。

在你的周遭，是不是也有這類立刻否定或駁倒對方的人？

②對話浪漫主義

簡單來說，有這種毛病的人，就是對對話抱持著浪漫主義（憧憬）。他們的症狀，就是會主張

「對話很重要」，但也只是一味的對話，卻不朝議論和決策的階段邁進。

或許也可以說，他們把對話當成目的，或者是陶醉於正在對話的自己。在討論的對話階段，必須準備往下一步的議論和決策、實行邁進，但他們看不到這一點。

其實，光有對話，只能展現彼此的意見差異，永遠沒辦法形成共識。當然更無法得到結論、再往前邁進。要做決定，就得經過議論、決策的程序。

在你的周遭，是不是也有人有「對話浪漫主義」的毛病？

③大家都不同、大家都對

這種毛病，是不去消化、理解每個人在對話中表露的意見差異，就主觀斷定大家都不同、大家都對。

輕症中，還有「真好、真好病」、「『就這個了！』病」等變種。就像是在社群媒體上按「讚」一樣，開口閉口都是年輕人的流行語「就這個了！」（表達同意對方、感同身受的話），主觀認定大家意見不同、但說的都對。

不過，在人人都對的狀態下，無論再怎麼對話，也只會陷入相對主義（對

③ 大家都不同、大家都對

於事物的價值各有不同的想法，最終還是沒有結論）。不管再過多久，依舊什麼都決定不了，沒辦法進展下去。

討論時，必須在對話後進入決策（議論）階段才行，否則永遠沒有結果。或許也可以說，這是「永遠做不出決定」病。

在你的周遭，是不是也有人有「大家都不同、大家都對」的毛病？

④用問卷吸納意見

這種毛病就是，當團隊要做決定時，不藉由對話，而是強迫用問卷吸取意見。這是經驗不足的領導人，很容易出現的毛病。

首先，用問卷吸納意見並非獨裁。有這種毛病的領導人，雖然覺得討論很麻煩，但他同時也很清楚，不可以專斷獨行和依靠偏見做決定，所以他才會用看似民主的手段，形式上採納意見。

這些人最喜歡用 Google 線上表單製作工具等免費問卷（工具），「我做了問卷，請大家填寫意見。」、「請在上面回答是或否，同時請註明理由。」然後傳連結給大家填。到了截止日，就說：「因為有這些意見，我們決定這樣做。」如此就代表討論過了。

要做問卷很快，統計也很輕鬆，還可以用圖表展示統計結果，看起來很有成就感，宛如得到了完美的結論。

不過，這種決定方式只不過是徒具形式。如果有A和B兩個選項，每個選項當然各有優、缺點，也各有人偏愛。但是這種做法，讓大家無法共享這些內容，只看到用圖表顯示的結果而已。因此，往往無法令成員苟同，心服口服。

結果，最後雖然做出決定了，但是無人遵守，大家都沒有幹勁遵循決定好的結論，這種例子十分常見。

在你的周遭，是不是也有人有「用問卷吸納意見」的毛病？

⑤ 沒人繼續

⑤沒人繼續

透過議論，決定接下來要做什麼、有哪些原則之後，一定要讓成員自動自發的遵循。

所謂自動自發的遵循，就是即使結論和自己的意見不同，也能心服口服，並主動的為決策貢獻。要是沒人繼續，即使是依照民主程序做的決定，也無法往下推展。討論本身就沒有任何意義。

能做出決定當然很好，可是沒有人照著實行，這種欠缺自發性追隨的例子很常見。雖然決定好了就這樣辦，但回頭看看身後，卻沒有人照做……這也是年輕人團體中，很常看到的情況。

我的課程中也經常發生這種狀況。所以在決定事情時，我會不厭其煩的再三強調：「請大家務必主動遵循已決定的事。」

在你的周遭，是不是也有這種人，不論大家做什麼決定，都不會自動自發的追隨？

強行投票表決最危險，決定了往往也無法執行

以上這些問題如果惡化下去，就會罹患終極毛病，也就是「零對話，立

刻多數決」。如果你的團隊陷入以下狀況，就必須小心：

一、不會彙整想法，也不會向彼此表露意見。

二、就算說出意見，也有人立刻全盤否定，不了了之。

三、對於突然冒出來的意見，大家形式上認同，團隊開始一片附和：「真好、真好！」

四、某個人會說：「反正來投票表決！」也不思考其他方法，就輕率的用問卷蒐集意見。

五、可是對於結果，卻不心服口服。在決定方向後，到了具體實行階段，開始陸續出現不滿的抱怨聲浪。

六、最終，開始有成員說：「我不知道。這和我無關。」

這麼一來，狀況變成「看起來好像做了決定，但什麼都沒決定」、「雖然確定了，卻沒有人動作」而束手無策，成員也抱怨連連。討論根本沒用，做了決定也無法執行，所以就會覺得這樣根本沒有任何意義……。

這種情況相當嚴重，我覺得不少人都罹患了這種「零對話，立刻多數決」病。只要有人說「反正來表決，少數服從多數」，就是危險的徵兆。不過，也不能因為有這些毛病就放棄。其實只要重新學習討論的方法，就可以解決這些問題。

討論的技術

如果團體不了解討論的技術，就會充斥令人遺憾的問題，典型的例子有①總之先咬對方再說、②對話浪漫主義、③大家都不同、大家都對、④用問卷吸納意見、⑤沒人繼續。如果再惡化下去，就會變成「零對話，立刻多數決」，陷入遠離討論的狀況。

第二章總整理

- 討論，是由以下兩個階段構成：
  1. 對話階段。
  2. 決策（議論）階段。
- 成功的討論是參加者意識到「現在是對話時間」、「接下來是決策時間」，明白目前所處的階段。
- 討論時令人遺憾的五大毛病：
  1. 總之先咬對方再說。
  2. 對話浪漫主義。
  3. 大家都不同、大家都對。
  4. 用問卷吸納意見。
  5. 沒人繼續。
- 上述五大問題再惡化下去，最終就會陷入「零對話，立刻多數決」的糟糕狀況。

第3章

討論如何不生爭執

1 一種對話，各自表述

過去，我曾詢問某企業的商務人士：「你對於對話一詞的印象是什麼？請試著用其他詞語比喻看看。」

這些商務人士的回答如下。

A：說到對話，我覺得就像是面對面的說話。對話這個詞，會讓我聯想到「一對一」的情景。

B：對話嗎……我覺得就像是彼此感情很好，在咖啡廳等場合談笑風生一樣。我想到的是兩個人有點放鬆，喝著咖啡或紅茶，開心聊天的情景。

C：我覺得是很多人一起，大家圍著桌子、坐成一圈的印象。你看，歷史教科書中不是有那種圍在一起開會的圖嗎？例如村民們聚在一起，促膝長談的情景。說到對話，好像少不了村長的存在。

D：對話是不是像那種國與國之間，為了解決國際紛爭而坐下來開會的外交場合？我常常在報紙上看到對話這個詞。

對話很累，大家都想躲

各位讀者想必已經知道，我想要表達的意思吧？每個人對於對話的想像截然不同，像是工作面談、咖啡廳談笑、圍坐在一起、外交會談等，什麼概念都有。

這些不能說是全錯。不過，正因為對於對話的印象因人而異，就算聽到有人說：「來吧，大家來對話！」也不可能了解到底要做什麼、對方要的是什麼。從談話的開頭，觀念就已經不同了。

這樣一來，我們在思考對話之前，必須先以以下兩個概念為大前提開始談起：

每個人認為的對話截然不同
工作面談
咖啡廳開心閒聊
圍坐在一起
外交

概念一：幾乎沒有人能準確回答「什麼是對話」。
概念二：對於對話的印象，因人而異，截然不同。

說到底，就算無法回答什麼是對話，就算觀念截然不同，或許也情有可原。事實上，對話不是我們日常生活中的溝通，也正因為如此，大多數人都不熟悉，這也是沒辦法的事。所以我們必須接受以下的概念。

所謂的對話，就是「非日常的特殊溝通」。

對話其實不常出現在日常生活中，大多數時候，人們並未經歷過。不如說，我們平常其實是有意識的「避開、省略」對話。

我們避免與其他人對話，而主動選擇：一、盡量不靠言語交流；二、彼此互相讀空氣；三、察言觀色後行動。於是在日常生活中，我們就沉浸在非言語溝通、察顏觀色、忖度（揣測）心意之中。若明確表達對每件事的意見，確認自己與他人觀點上的差異，這麼一來不僅很花時間，也會形成很大的心理負擔。

所以，即使對話如此重要，大家也未一一實踐。就算真的要做，也很難做到。學校教育雖然提倡對話式的學習，但我認為真正成功的案例不多。為了要確實實行，我們必須先統整對於對話的理解並訓練才行，必須知道主要內涵，累積實務經驗，從經驗中學習。

關係不對等，就不是對話

為了了解何謂對話，我們得先反過來思考哪些不算是對話。為了方便大家想像，接下來用例子說明。

非對話的溝通包括以下三種：

①單向授課、演講不是對話

在學校教育中，我們都經歷過單向授課。這種形式看似理所當然，但作為多數人參與的溝通形式，其實有一點奇怪。

試想一下，假設有四十人到一百人聚集在一個大房間裡。但裡面的人都被禁止發言，彼此互不交談，只有其中一個人可以發言，而且一講就是六十分鐘到九十分鐘，其他人只能聽他講話。如果是學校以外的場合，會出現這種情景嗎？

許多長期習慣並熟悉學校教育的人，都會認為以溝通形式來說，統一授課並不奇怪。可是如果用這種方式和真人溝通，實在很不自然[10]。

當然，我們不會稱這種單向授課、

10 統一授課是在沒有擴音器的時代，為了以低成本培養工廠勞工，而於近代「發明」的產物。它也是向人們傳達資訊時，最快、最簡單的方法。

「單向授課、演講」不是對話

單向授課、資訊

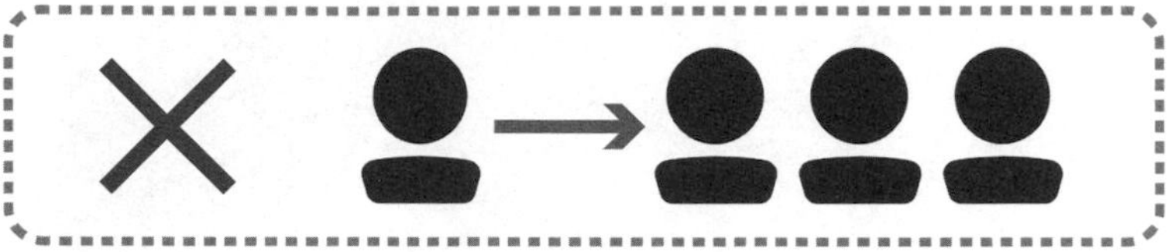

有交流

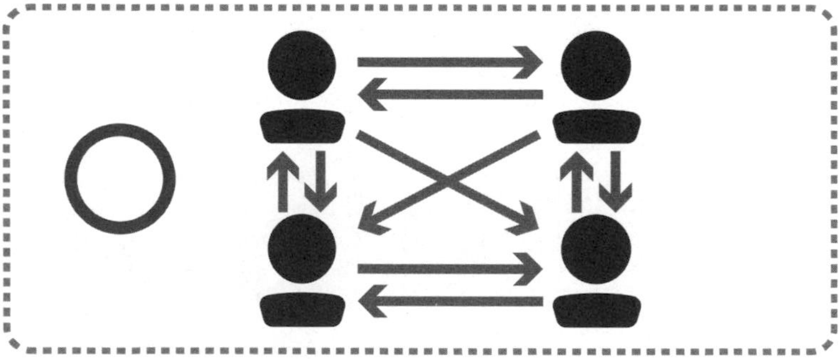

演講為對話。我希望大家想像中的對話，是彼此交流的。

②業務報告不是對話

一般的業務報告，就是部屬向主管回報今天發生了哪些事，然後主管給予回饋、建議。這種溝通不像單向授課、演講那麼單方面。

不過主管與部屬之間，一般都有上下權力關係。業務報告時雖然會交談，但其中還是存在著上位者和下位者。

所謂的對話，不是在這種不對稱的關係中溝通。當然，如果主管和部屬之間關係平等，可彼此交流

「業務報告」不是對話

業務報告

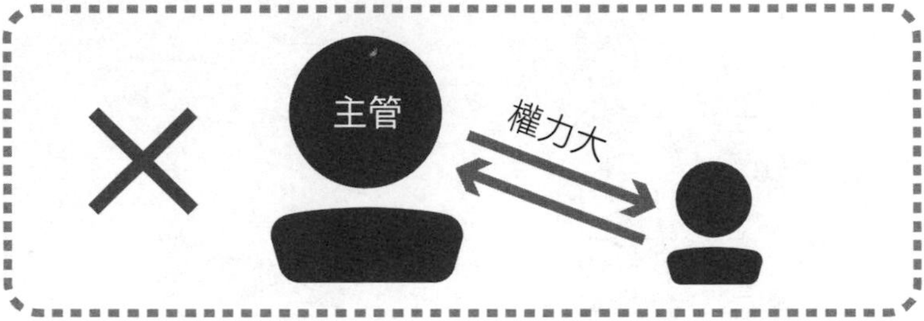

對話

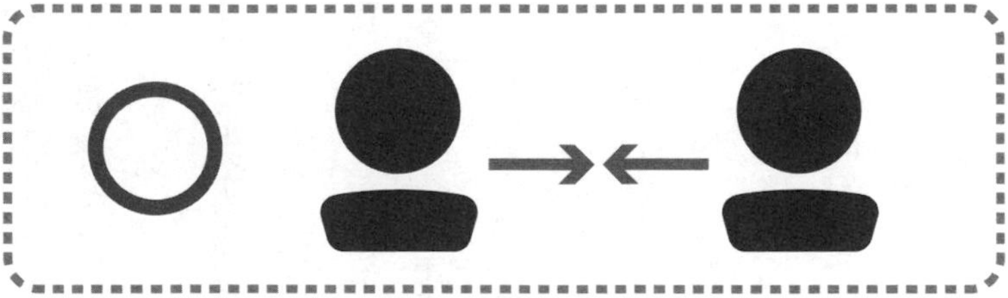

職場中的會議，發言時都帶有立場和角色

各自的意見，這樣就能稱得上是對話。

③對話並非從立場與角色來說話

一般來說，職場中的會議，大多數是傳達職場與組織的方針，或是確認個別業務的進度等內容。這種情形下的溝通，很多時候都是站在某種立場和角色，例如「某某股是這樣的狀況」、「某部門是這樣」、「公司整體是這樣的情況」。

但其中欠缺一個要素，就是「我個人認為……」、「我覺得……」等，以「我」為主語的

對話，不是從「立場與角色」出發的談話

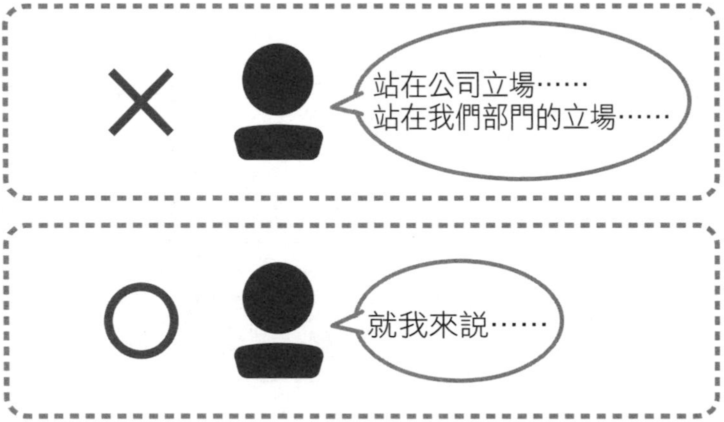

交談。

一般商務場合，重視客觀更甚於主觀，所以溝通時往往傾向排除「我」。有些人認為個人意見不重要，只要說事實就好，或是認為不要發表長篇大論，用條列的方式說重點，因為很多人剛進公司時，前輩就是這麼教的。

在重視生產力的商務現場，我認為這也是不得已的，可是對話跟上述的形式完全相反。所謂的對話，就是要以「我」為主語，直接表露自身感受、自我想法。

談到這裡，我們可以看出，對

話與日常生活熟悉的溝通之間，有什麼不同。特別看看非對話的例子，應該會對於對話有更明確的印象。所謂對話，就是在平等的關係下、超越職位與立場，彼此溝通。

而且，其中最重要的是「我」，像是我怎麼想、我覺得如何，缺少這個要素的話，就不算是對話。總之，所謂的討論，就是從彼此表露「我（I）覺得……」的對話開始，直到做出「我們（We）想……」的決策為止。

成功的討論，是從以「我」為主語的表達，到以「我們」為主語的決策為止，不斷轉換。

討論的技術

要掌握對話的概念，必須先了解非對話的溝通——演講、單向授課、業務報告等。在這個基礎之上，釐清對話就是彼此互相理解：「他人的意見是這樣。」

2 最糟糕的開場白

本書中，對話的定義包含以下八大要素：

1. 在還未有結論的主題下討論。
2. 認真與對方交談，人人都要有發言的機會。
3. 平等的關係最適合。
4. 要帶著「自我意見」參與。
5. 要相互探索彼此想法的差異。
6. 活在此時、此地，專注投入。
7. 懷疑自己，察覺他人。
8. 建立共同的理解。

有問題待解決，對話才有意義

首先，對話不可或缺的，是「還沒有結論的主題」。

還沒有結論的主題，指的是參與成員都是當事人，商議目前還未解決的問題。而對話，則是針對大家雖然覺得重要，卻還沒有答案的問題，彼此提出各自的意見和想法來溝通。

在這個部分，首先最重要的，就是每個人的「當事人性質」，其中包含：

- 與自己切身的題材、
- 與自己過去經驗相關的事、
- 想當成自己的事來參與、解決、
- 自己感興趣，有求知好奇心等。

重要的是，參與對話的所有成員，對於還未有結論的課題，都覺得某種程度與自己相關（自己是當事人）。反過來說，要展開對話，每位參與者都要具備當事人性質。

「為什麼我們必須針對這個主題彼此討論？討論能帶來什麼好處？」如果成員不理解這一點，就會漫無目的的閒聊。我認為特別應該重視的是，在什麼目的下，針對什麼事來對話。這也代表，所有成員應該事前掌握目標。

關於掌握目標，我們可以從以下四個角度，思考對話的意義：

1. 為什麼要以這個主題對話？（Why do?）
2. 為什麼在這麼忙的時候（現在）對話？（Why now?）
3. 為什麼不是其他人，而必須是我們來對話？（Why us?）
4. 對話之後有什麼好處？（What's merit?）

重要的是主導對話的人，必須在開始前，讓參加者理解以上四點。

然而現實社會中，成員經常還未掌握「還沒有結論的主題」與目的，就開始對話。以下就用各種案例，帶讀者一起思考何謂對話。

最沒效率的開場白——什麼都可以，請踴躍發言

舉例來說，最常見的就是以下這種，未確實設定主題，只是說「什麼都可以，先說說看」，就開始對話的情景。

【討論案例①】在研習或工作坊的討論導入部分

會議引導者：那麼，我們就針對最近的職場來談一談吧。什麼都可以，大家先說說看。請發言。

全員：……（沉默十秒鐘左右）。

會議引導者：嗯……什麼主題都可以喔。大家是不是很害羞啊？……那我先請A開始好了？請發言。

A：咦？雖然說什麼都可以講，可是我不太知道要講什麼才好耶……。開會的目的是什麼？

在此要不厭其煩的重申，對話必須具備還未有結論的主題。可是，在這個案例中，引導者只說「什麼都可以，大家先說說看」，這樣一來，與會者無法掌握為什麼必須對話、目的又是什麼。所以，雖然引導者說什麼都可以提出，大家還是不知道該如何是好。

而且，提問本身就有問題。

要開啟對話，就必須有「已聚焦的提問」，也就是希望大家絞盡腦汁思考什麼課題，在百般思量後，用一個問句來表現。

以這個案例來說，就是別只說「什麼都可以，你先說說看」，而是要進一步具體提問。比方說，以下就是可行的例子：「前面我們看了互動調查的結果。請大家根據這項結果，分享最近在職場中，有什麼事讓你很在意。」

光是這樣，就可以讓大家更容易開始。因為這個提問能讓對方了解，只要說根據互動調查的結果、最近職場中讓你在意的事、想和大家共享的事就好。對於對話來說，一開始的提問極為重要。

別只引導回答，更要提問讓大家思考

如同先前所述，要設定對話中的提問，是極為困難的。

後面會詳細說明，如果花了太多心思在提問上，結果提出成員們只能回答 Yes 或 No 的提問（封閉式問題，closed question），依舊無法構成對話。

但如果因此就不具體的提問，猶豫不決、不敢繼續深入，又會變成單純的閒聊。所以會議引導者的工作，就是花心思設定提問，以免無法開啟對話。

不過，大多數人不知道這一點。一般解說會議引導的商業書籍，都指出引導最重要的是「整理溝通的脈絡」。舉例來說，就是：

- 引導參加者發言（引導參加者提出意見）。
- 簡明扼要的彙整發言（摘要整理）。
- 總結成員之間的意見（連結意見）。
- 比較並彙整意見（整理意見）等。

只能回答 Yes 或 No 的問題，無法構成對話

書中常說，整理溝通的脈絡才是會議引導的主要功能。但我認為，會議引導者的重要功能，引導與會者當然也是其一，但設定提問才是最重要的。

也就是說，我認為擬定「讓大家動腦思考的提問（驅動式問題，Driving question）」，才是會議引導者最重要的工作。如果提問設定得很巧妙，能讓參加成員認真思考問題，大部分的對話都能順利進行。

那麼，具體擬定提問時，該依照什麼基準才好？我認為，只要根據以下三個基準來設定

即可：

用三大基準設定提問

一、開放提問（Openess）。

二、用提問釐清想法（Clearness）。

三、讓提問與自我產生連結（Ownership）。

首先是開放提問，它的概念是「提問能讓對方自由的表達意見」。根據以往的說法，提問分為開放式問題（open question）和封閉式問題。

所謂的開放式問題，就是無法只用是或否回答，可以自由表達意見的提問。舉例來說，以下就是很典型的例子：

「最近職場的狀況，有沒有什麼地方讓你特別在意？」

「關於……事情，請告訴我你印象最深刻的事件。」

針對這類提問，你應該回答「我在意的是……」、「我印象最深刻的事提問的「三大基準」

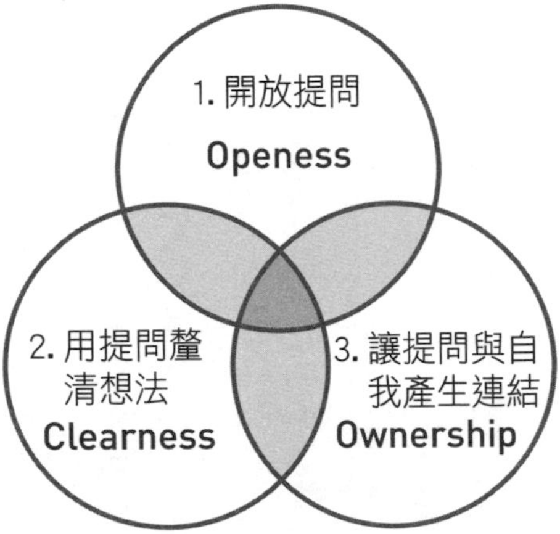

件是……」等。這些提問都不能單純只回答是或否，所以屬於開放式問題。

相對來說，也有封閉式問題，是指能用是或否簡單回答的提問。例如，以前面的例子來說：「最近職場上的人際關係是否良好？」

針對這個提問，人們只須回答Yes（好）或No（不好）。封閉式問題就像這樣，會限縮答案的種類，所以討論可能就此結束。

一般來說，要引發對話，開放式問題比較適合。原因在於，所謂的對話，就是針對某個主題，表達自我感受、想法的溝通方式，所以問題必須是開放式的。

第二個基準是「用提問釐清想法」，指的是透過提問，讓雙方所思考的事情與感受，能清晰、鮮明的浮現在對方（其他人）的腦中。

說到底，對話就是必須將自己所想的事，傳達給對方，使其浮現在對方腦中。當然，對方所想的事，也必須傳達到自己的腦中，這個道理不言自明。理解的解析度要盡可能十分清晰的傳達給對方，否則無法相互理解。

前面提到，對話就是釐清彼此的想法、感情差異的溝通。換句話說，就是在對方的腦海中，描繪自己看到的東西；也在自己的腦海中，浮現對方看到的東西。如果不能清楚理解彼此的想法，即便要比較其中的差異，也無從比較起。

特別是在商業溝通的世界，一般都會建議「條列出想說的事」，但在對話中不能這麼做。就算對方腦海中浮現條列後的我方主張，得到的反應也只會是「哦，這樣啊」，無法進一步發展，也不會尋找彼此的差異與無法相互理解的部分。

因此，要促進對話，就要讓問題更具體，問出每位成員的意見。將意見

用提問讓想法更清晰

你希望透過現在的工作，在社會上實現什麼願景？
想實現的願景……
這個 App 真方便啊！

傳達給對方後，如果發言者的想法和思考，能非常清晰的浮現在對方的腦海裡，這樣就ＯＫ了。

第三個基準，則是「讓提問與自我產生連結」，也就是讓提問的內容，與每位參加者過去的經驗有所關聯。比方說，假設有個提問如下：「針對別的公司職場，請問您最近覺得無法釋懷的事是什麼？」

這個提問應該很難回答。別人的職場並非自己過去曾經歷的，所以不知道要回答什麼才好。

相對來說，如果是以下問題，「針對您的職場，請問您最近覺得無法釋懷的事是什麼」，就比較容易回答。把焦點鎖定在自己的領域，而非他人，就可以回顧過去，思考屬於個人的答案。此外，回憶過去時，還有層次（深度）的問題。人們可以由淺到深，回想自己曾經歷過的事，包含行動、思考、情感、願望。

過去，荷蘭烏特勒支大學（Utrecht University）的克爾特哈翰（Fred Korthagen）教授指出，要促使人們回顧時，有以下四個階段[11]：

一、過去行動過的（Behavior）。
二、過去思考過的（Thinking）。
三、過去感受到的（Feeling）。
四、過去真正期盼的（Wanting）。

我們就像這樣，透過各種樣貌「體驗」過去。理解這樣的前提後，擬定

11《教師教育學 串聯理論與實踐的現實主義方法》（*Linking practice and theory*），克爾特哈翰（Fred Korthagen）編著，武田信子監譯，今泉友里、鈴木悠太、山邊惠理子譯，二〇一〇年，學文社。

行動的冰山模型（Fred Korthagen）

能讓參加者產生關聯的提問，某種程度就可以掌控要促發何種層次的對話了。

利用時間軸引出大家的願景

此外，有技巧的會議引導者，在擬定提問時，常用的方法是「提示對方時間軸，詢問在時間軸之下的思考、感情波動幅度」。

此時，會議引導者會要求：

・成員將在意的事放到「檯面上」說；

・每個成員表現出在過去、現在、未來；
・自己想些什麼、有什麼感受。

而最正統的提問是：
・回顧一路走來，你印象最深刻的場景，是什麼樣的情形？
・現在，你看到什麼樣的情形時，會覺得無法理解，或是覺得高興？
・你期盼什麼樣的將來？想看到什麼樣的光景？

如果是關於職場的話，可詢問轉變為什麼樣的職場，會讓你覺得高興？如果是學校，可以問希望有什麼樣的授課方式？請對方說出心中的理想光景。

傾聽所有成員的回答之後，看到大家想達成的願景，讓所有成員共享這些內容，如此就可看出要達到期盼的願景還欠缺什麼，進一步找出還未解決的主題。這麼一來，成員就會提出點子來消弭、改善，發展出對話。

四大方法，深入設定提問

如果想要擬定更深入的提問，在此介紹以下四種方法：一、定量深入；二、定性深入；三、用假設法詢問；四、問矛盾。

首先是定量深入，意思就是指定具體的數字，限縮對方的思考，讓對方表達意見。舉例來說：

「最近職場中有沒有什麼地方，讓你特別在意？」

如果將這個問題轉換成定量深入的提問，就會是：

「請告訴我在最近三個月，職場中讓你最在意的一件事是什麼？」

用這樣的提問便可聚焦。一開始的提問：「最近職場中有沒有什麼地方，讓你特別在意？」很多人聽到這個問題，或許也不知道該說什麼才好，但如果限縮到「最近三個月」、「一件事」，就突然變得容易表達了。

其次，定性深入則是針對成員經歷過的事，讓他們用更清晰、具象的方式敘述。例如，「請告訴我最近三個月，職場中讓你在意的一件事？」如果把這個問題轉換成定性深入的提問，就是：「請告訴我最近三個月，在職場中①出乎意料、讓你高興的一件事，以及②出乎意料、讓你覺得遺憾的一件事？」

像上述這樣，詢問進一步的內容後，對方的腦海裡就會浮現更為具體的高興的事、覺得遺憾的事。

另外，還有用假設法詢問。所謂的假設法，就像是「如果……的話，你會……嗎？」讓對方思考假設上的過去和未來。例如以下的提問：

「假如可以讓時間倒轉，你想在職場中發揮什麼樣的領導？」

「假設你是這個職場中的領導者，想改變哪些地方？」

這些就是用假設法提問。會用這種方法詢問的，一般來說都是大多數人日常生活中不太會思考的事。每個人聽到假設法的問題時，都可以跳脫日常熟悉的世界，因此能更進一步深入思索。

最後一個擬定提問的方法是問矛盾。就是在提問中加入矛盾的狀況（兩難的情境），以撼動思考的提問法[12]。舉例來說：「雖然想花時間慢慢促進職場員工的相互理解，但也必須儘早做出成果。此時我們應該從何著手？」、「我們必須和顧客建立信賴關係，同時又必須增加營收。至今我們做了些什麼，今後又該怎麼做？」

像這樣，在提問中加入矛盾的狀況，就可以讓回答者更具體的思考。

討論的技術

所謂的對話，是針對還未有結論的主題，由參加者抱持當事人性質展開交談。因此，不是想說什麼就說什麼，必須由會議引導者先設定提問，以引導出成員心中的意見。

12 作為處理矛盾狀況的解決課題思考法，近來廣受矚目的是「戰略性思考」。戰略性思考是哥倫比亞大學（Columbia University）研究所茱莉亞・史隆（Julia Sloan）教授提倡的思考法。在日本，則由內藤（寺本）美歐與保田江美等人開設工作坊加以實踐。日前培育人才開發、組織開發專家的研究所，也就是立教大學研究所經營學研究科領導開發課程（LDC）也起而行。在此深表謝意。對於內含矛盾狀況的課題，得到許多人的回饋意見，進而得以從另一個觀點重新檢討自己應該解決的課題，到底是不是真正的課題。

〈借用他人多樣化的觀點，逼近「正確的問題」〉（他者の多様な視点を借りて、「正しい問題」に迫る），寺本美歐，《看護管理》，二〇二一年十二月號。

中原淳〈你著手的「課題」，是真正「應該解決的課題」嗎？不是「假課題」嗎？〉（あなたが取り組んでいる「課題」は本当に「解くべき課題」ですか？それは「偽りの課題」ではないですか？）（http://www.nakahara-lab.net/blog/archive/14048），二〇二二年四月十二日，立教大學研究所經營學研究科領導開發課程（https://ldc.rikkyo.ac.jp/）。

3 所有人都該有發言機會

在對話的時候，我們會看到人們認真的彼此交談，請務必把這個情景化為現實，並不是某個人說個不停，而是多位成員雙向交談。如果不是這種狀態，就稱不上是在對話。

沉默也是一種值得被重視的聲音

可是，在商業與教育的第一線，雖然告訴成員「我們來對話吧」，結果卻是某個人一直說，這種狀況很常見。例如，以下就是經常發生的情況。

【討論案例②】遠距工作時的溝通場合

A：在家上班時，大家沒有什麼機會閒聊，彼此之間比較疏遠了吧。我想到一個改善方法。週一線上會議時，每個人有三分鐘時間，說一說上週發生在自己身上的事，大家覺得如何？

B：這真是好主意！說些發生在自己身上的事，同事們也會比較親近，真不錯耶。

C：（小聲的說）嗯，我覺得要特別說私事有點……本來就是自己的事啊。

A：（大聲說）大家都同意吧。雖說是發生在自己身上的事，我覺得聊聊家人或興趣也可以，或是說自己吃了什麼美食也行。

D：（小聲的說）嗯，其實我也有一點……因為另一半狀況不太好，我也有些低落。所以現在……。

B：（大聲說）對啊，那從下次開會，我們就這麼做吧！

C、D……（想插話也插不進去）。

聲音小的人，意見常被抹殺。

這個案例，是針對以下主題，「週一線上會議時，要不要給每個人三分鐘時間，講講上週發生在自己身上的事」，眾人提出意見的情景。

看看前述的對話，只有聲音大的A、B的主張通過，完全沒有人聽見較為消極的C和D的意見。像這樣在會議中，只聽得到音量大的人、自我主張強烈的人在說什麼，音量小或無權的人，聲音就會被抹殺，有時還被當成不存在，其實不論在商務場合和學校，都很常見。

假設記錄下四、五位成員的對話，你會發現每個人所說的話，其實都不一樣多。我個人的感覺是，成員中一成到兩成聲音大、有權力的人，發言占了當下的八成至九成，而且我覺得這是一般的常態。

為了不讓少部分的人占據發言權，會議引導者必須設法讓所有人都有機會發言。不能因為某個人一直很安靜，就認定他大概沒有特別想說的話、一定贊成，這種想法很危險。其實，沉默也是一種聲音，也有些人是因為正在思考該說什麼、怎麼說，而不說話。當然也有人是因為強烈反對，而採取無聲的抗議，也有些人是因為慎重選擇用字。

當有成員沉默時，有可能心中其實有很多話想說，可是被聲音大的人壓制而無法發言。如果不理睬他們，繼續進行，將來一定會產生紛爭。

如果你是主導交談的人，就要注意誰發言過了、誰還沒有發言，盡量讓所有成員都能暢所欲言，表達意見。這時只要拿出勇氣、說一句話就好：「那麼A覺得如何？請讓我聽聽A的感受。」

別因為怕冷場就講不停，保留思考時間

此外，如果與會成員之間有上下關係，常見的狀況就是主管和老師等上

位的人一直說。嘴巴上喊著「大家一起來討論」，可是一個小時之中幾乎都是主管說個不停……這種狀況也很常見。

不過，在上位的人滔滔不絕，不只是因為他不會看氣氛，反倒是因為他害怕沉默，卻又覺得現場快要陷入寂靜的氛圍，所以才會不斷發言。以下就是一個例子。

【討論案例③】討論新辦公室裝潢配置的情況

領導者：今天，我們來談談新辦公室應該是什麼樣貌吧。那麼A來說說，你覺得如何？

A：這個嘛，有一點，嗯，怎麼說才好……（A陷入沉思，靜悄悄）。

領導者：（沉默一秒都受不了）對不起，對不起。這個主題或許太抽象了。那等一下我再問A，先讓A想一下。B覺得如何？

B：我嗎？這個嘛，我先整理一下……（這時B語塞，又陷入沉默）。

領導者：整理不出來啊，這也難怪。這個主題真的有點難。我舉個例子吧，我是這樣想的，如果新辦公室採用自由座位式的話，如何？好像也有人說是開放式辦公室。這樣或許可以激發創意，大家更能暢所欲言。（自顧自的表示意見）……所以，C覺得如何？

C：咦……那個……我覺得這個建議很好……（又陷入沉默）。

領導者：謝謝。啊，對了。說到這裡，我再提一個想法，我們也可以嘗試衛星式辦公室啊……。

以上的例子，就是領導者一個人說個不停。不過，這也不是因為領導者自己愛說才會這樣。當然有人愛說話，但也有相反的人。

那麼，為什麼領導者會一個人一直說？原因之一就是害怕沉默，與不擅長等待。

有些主管在和成員對話時，只要持續安靜一秒、兩秒、三秒鐘，就覺得溝通不順利，焦躁不安。當成員們陷入一片安靜，這時領導者如果無法忍受，就會想開口說些什麼，以填滿「沉默＝空白」，但這樣便無法等待成員的意見成熟。

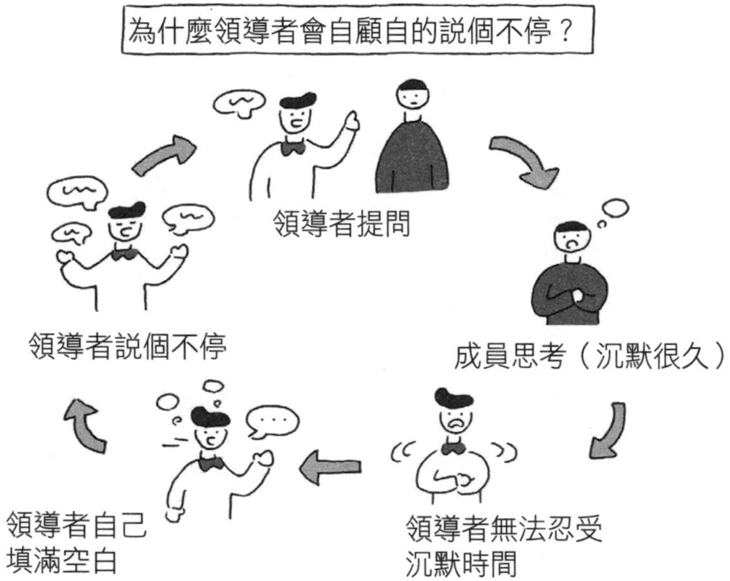
為什麼領導者會自顧自的說個不停？
領導者提問
成員思考（沉默很久）
領導者無法忍受
沉默時間
領導者自己
填滿空白
領導者說個不停

然而，當領導者詢問成員時，成員當然需要時間思考（Thinking time，思考時間）。特別是我在對話中建議的開放式問題，成員必須解釋問題的意義，然後整理自己的意見。

不過，思考時間卻會因為每個人的立場不同，而有不同的解釋。

對成員們來說，思考時間就是字面上的意思——腦力激盪的時間；但對提問的幹部來說，那不過是「沉默＝空白」的時間。

而且，這種空白讓人度日

如年，好像這片死寂會一直持續下去。這種切身感受到的沉默甚至會讓人害怕，因而焦躁不安。

領導人為了填滿「沉默＝空白」而說個不停，參加的成員也會顧慮「領導者（老闆）可能很想說話」，就更不敢發言了。一旦陷入這個模式，結果便只有領導者一個人滔滔不絕。

為了避免發生這種情況，重要的是為成員保留思考的時間，以及不要害怕空白。就算有一些沉默的時刻，也要相信之後可能有人會發言，重要的是耐心等待。不能等待的引導者，無法催生對話。

年紀大了話就多？

領導人可能因為害怕，結果一個人說個不停。當然也有另一種類型，是因為上了年紀、職位較高，就想支配全場，一開口就停不了。為什麼會這樣？大致上來說，有三種理由。

我舉出的第一個理由，單純是因為年紀大，經驗也較多，所以說話的題材也多了。隨著年紀漸增，嚐過人生酸甜苦辣各種滋味，自然也想分享自己的經驗。如果是經驗較少的年輕時期，說一個經驗也就足夠了。

但隨著年齡增長，累積的經驗也多，就可以互相比較、引用，提出多層次的主張。因此，如果沒有好好整理要說的話，經驗越多、話就越多，也是理所當然的。

第二個理由，是因為「屈服於權力」的意識。

上了年紀後，手握某種程度的權力，立場不同了，在人前說話的機會也越來越多。除了他自己以外，其他人也只能屈服在他的權力下，不得不聽他說話，但這樣又會引起誇張的誤解。他會誤以為大家一定都想聽他說話、都很感謝能聽他說話，話就越說越多。

總之，就是利用隨年齡增長而擴大的權力，狐假虎威，自以為：「我多說一點，大家也不會在意、大家都會聽我講話吧。」

其實，我今年（二〇二二年）也已經四十七歲了。比起二十年前稚嫩的自己，我現在有更多機會上臺，在大家面前講話。所以，我也不能仰仗權力要任性，要自我警惕才行。

第三個理由和第二個理由有關，就是人一旦手握權力，就很難接受第三者的忠言。年輕時，當自己說得太多、說不到重點時，主管和前輩就會提出建議、回饋，總會有某個人提醒要盡量說重點。

可是隨著年齡增長，回饋的人不知不覺間消失了。因此不論說的話多麼無聊、沒有重點，又臭又長，也不會有人說出逆耳忠言。只要三年間不斷持續這種經驗，不知不覺就會變成《國王的新衣》中的國王了。

那麼，我們應該如何預防這個毛病？說得極端一點，就是要隨時意識到謙虛。說話時，盡量將球遞給沒有權力的人，自己只要等候即可。發言時也要簡單扼要。當然，也不能妄下定論或把話說死，重要的是，是否時時謹記選擇這麼做。其實道理很簡單，只要謹記「退後半步」即可。

討論的技術

對話就是人們認真的彼此交談——所以必須讓所有成員都能機會均等的發言。因此，領導人要隨時提醒自己不要害怕沉默、空白，也別一直說個不停。

4 管理大忌——不讓部屬把話說完

對話時，平等的關係很重要。

這不代表參加對話的成員之間，不能有年齡差距或職位差異。現實社會中，人與人之間本就存在著權力和職位、年齡差距，不可能藉由人為消除。不過，重要的是當大家針對主題交談時，就要暫時放下權力與職位，在心理上讓彼此有相同的立足點。

不經意的評語，會破壞平等關係

哲學家中島義道在他的著作《沒有〈對話〉的社會》（「対話」のない社会，一九九七年十月一日，PHP研究所）中提到，「所謂的對話，就是打一場赤身裸體的格鬥技」。這裡的赤身裸體，其實應該是種隱喻，指重要的是先暫時放下職銜和職位，以民主的智慧態度彼此對話。

赤身裸體的隱喻，也適用於主管和部屬。對話時，重要的是彼此真誠的表明意見。

最近社會很關注職權騷擾問題，為了不被部屬批評，已經很少有主管敢揮舞著權力的大旗，對部屬施壓了。可是，對話時就算態度不再高傲，字裡行間還是會透露出上下階級關係。特別是主管即使無心，也很容易在對話時評價部屬。以下就是這類會話的例子。

【討論案例④】討論顧客需求時

領導人：今天我想和大家一起談談，什麼樣的店鋪才能讓顧客一而再、再而三的上門光顧，與大家分享理想的商店樣貌。那麼，要從誰先開始發表？

A：那麼，我先開始吧。其實這段期間，我在這個地區到處晃了晃，發現一家很棒的店。我想以那家店為標竿，打造……的商店，應該很棒。因為……。

領導人：（不等A講完，就迫不及待的插話）我完全同意。嗯，不錯，真好。

A：是……而且不只是開實體商店，我覺得也可以配合電子商務（EC）。

領導人：你說到關鍵了，謝謝。接下來換誰……。

B：嗯……我也贊同A的意見。那家店真的很棒，而且搭配EC，一定會很有爆發力。

C：我也這麼認為。

在這個例子中，就是因為主管說出「我完全同意」、「不錯」、「你說到關鍵了」等評語，使得A的意見好像獲得好評，於是其他人也紛紛附和。大家知不知道為什麼這類發言，會讓其他部屬退縮？

這是因為領導人每次說出評價，像是「我完全同意」、「不錯」、「你說到關鍵了」，會在不知不覺間破壞了領導者和成員之間的平等關係。身為手握權力的一方，幹部誘導大家到「自己覺得正確的解答」，限縮了其他人的意見。我聽過很多管理階層、領導者和成員之間的對話，很快就發現其中包含許多「評價判斷（評價部屬的言語）」，雖然他們不是有意的。

帶頭的人如果單方面一直說評語，不知不覺間就會導致權力的傾斜，也就是「發言者＝被評價的一方」、「領導者＝評價的一方」。使得成員越來越不敢自由發言，便開始尋找並支持領導人心中的正確解答。

此外，在部屬還沒說完話之前，領導者就插嘴表達意見：「我完全同意！」、「不錯，真好！」這也會成為破壞平等關係的導火線。在成員還沒說完之前插話，等於是領導人在暗示自己比對方高一等。

順帶一提，我們公司偶爾也有一些顧問案件，是接受企業委託，實施職場調查，並回饋調查結果至職場，以促進對話（不過我最近比較忙，比較少到第一線）。在這類案件中，會以回饋的調查結果為基礎，讓第一線職員與管理階層雙方，針對長時間勞動等工作問題彼此對話，期望改善職場環境。但每次我參與這類討論時，都深深覺得：「世界上果真沒有真正的討論，大家都不聽別人把話說完。」

我要特別強調，這類現象的背後其實沒有惡意。主管一點惡意也沒有，但還是會在討論中評價部屬，打斷對方說話，無意間樹立權力的高牆。權威並非原本就存在，而是領導人樹立起來的。

「對話很重要，仔細聆聽對方說話。」不論我事前提醒多少次，一旦開始溝通，領導人和管理階層很容易在不知不覺間，展現出高人一等的優越感、評價他人，樹立起權威高牆。然後在不知不覺間，將話題方向誘導到自己想要的結論。

為了在對話時確保平等的關係，手握權力的一方必須充分自覺自己的權力和影響力。用專業術語來說，就是「自我覺察」（self-awareness）[13]。要發揮領導力，一般認為自我覺察很重要，這並非偶然[14]。不了解自己影響力的人，當然無法對他人發揮影響力。就算主管自己覺得沒那個意思，但如果部屬感受到主管的影響力而退縮，不敢暢所欲言的話，就不能說是平等的關係。

如何才能預防這種狀況發生？領導人必須自覺到自己日常的言行會樹立權力，持續透過行動，積極的向對方表示「我們之間是對等的」。

此外，領導者也要自覺會在不知不覺中做出評價判斷，謹記不要說出評論部屬的言詞。不行使權力，不樹立權力，這都必須「有意為之」。否則，很快就會摻入權力和地位的成分，無法建立有意義的對話。

如果不管怎麼做，還是無法自覺自己正施展權力，我提供一個很好的方法。就是將遠距工作時的線上會議錄音、錄影下來，事後再回顧。或者是請自己信賴的人看，然後給你建議。只要回顧錄音、錄影，應該就可以發現自己如何發言，或是在什麼時候無意間評價了誰。這麼一來，就可以獲得「凝視自己的鏡子＝回饋」，發現影響力或發言的偏誤。

我以往經手的顧問案件中，也有管理階層患了難治之症——「立刻評價、

13《自我覺察》（セルフアウェアネス），哈佛商業評論編輯部編、DIAMOND哈佛商業評論編輯部譯（二〇一九年），鑽石社出版。

14 Sosik, J. J., & Megerian, L. E. (1999). Understanding leader emotional intelligence and performance: The role of self-other agreement on transformational leadership perceptions. Group & Organization Management, 24(3), 367-390.

Bratton, V. K., Dodd, N. G., & Brown, F. W. (2011). The impact of emotional intelligence on accuracy of self-awareness and leadership performance. Leadership & Organization Development Journal, 32(2), 127-149.

判斷」。那位管理階層宛如在雙眼裝了探測器（偵測部屬能力的裝置）一樣，自然而然的評論他遇到的人具備怎樣的能力、經驗技術，並給優秀的人（或者應該說容易受他的意思左右的部屬）發言權，將其他人擱在一旁。

詢問之後，我發現他年輕時的主管也是這樣管理部屬，他只是複製當時主管的做法而已。

我和他討論後，請他將日常會議錄音、錄影下來，事後自己看一下。結果他看了影片之後，告訴我：「我發現了一件事。」、「原來我總是打斷部屬說話，不讓他們把話講完。」後來，他就不再犯同樣的錯誤了。成人學習時，必須有一面凝視自己的鏡子。

感謝成員發言，建立心理安全感

要確保平等的關係，還有一個重要因素，就是心理安全感。第一章也曾提到，在對話時，人們如果能確定不管說什麼，都不會被其他人冷落，就會勇敢提出意見。

那麼，該如何建立心理安全感[15]？最重要的是，先有行動（實踐），之後才得以建立。

人無法自行加工創造心理安全感，就算想建立，也不知道具體該做什麼

15 什麼因素能建構心理安全感？關於這一點，Frazier 等研究人員運用統合分析手法，彙整相關資訊。結論就是當成員都能主動參與，有學習意願，和領導人之間維持良好關係，組織文化也支持的情形下（當然還有其他因素），就會產生心理安全感。
Frazier, M. L., Fainshmidt, S., Klinger, R. L., Pezeshkan, A. & Vracheva, V. (2017). Psychological safety: A meta-analytic review and extension. Personnel Psychology, 70(1), 113-165.

才好。心理安全感是種「概念」，其實我們應該做的，反而相反。要在實行某種行動（實踐），了解「不論說什麼，都不會被冷落」後，才能實際感受到這種安全感。

這裡所謂的行動（實踐），一開始又該怎麼做？

我建議先降低門檻，請每個人發言，即使只有一句話也好，然後注意聽對方說話。談什麼都行，可以選一個大家能好好表達的主題，請參加的人開始發言。舉例來說，以下這種小事也可以：「最近上班時，有沒有遇到什麼高興的事？請大家分享一下。」

重要的是一開始溝通，要用每個人都能發表意見的內容為主題，藉此讓彼此仔細聆聽。只要能建立幾次這樣的經驗，過一段時間後，職場、組織內自然會萌生「說什麼都沒關係」的氛圍。

這麼一來，就可以進入確保心理安全感的第二階段了。

在第二階段，當有人發言時，不論內容多麼逆耳，還是要先暫時接納。可能的話，還要持續表示「感謝你說出難以開口的話」。不否定、不忽視意見，還要感謝成員勇於提出。

第一章也提到，心理安全感原本的意義，就是團隊成員即使說出或做出有風險的話或行為，也不會導致人際關係破裂。人人都可以放膽說想說的話，累積這種經驗之後，才能確保成員的心理安全感。

因此，主管與同事日常的應對十分重要。如果因為某位部屬發表的見解較否定主管或職場同事的意見，就否定這位部屬，甚至忽視他的看法，他立刻就會喪失心理安全感。

心理安全感其實跟信用一樣，失去只在一瞬間，卻要靠每分每秒腳踏實地的作為，才能建立起來。

立場平等，才有可能認真交談

我把目前為止的內容，彙整成下頁的插圖，和各位一起回顧一下。首先，對話得要有「還沒有結論的主題」，大前提是針對該主題交談。此外，應該正視的不只是主題，對話時不能只是某個人一直說個不停，必須針對題目，彼此認真交談。

正視主題　　正視對方

對話時要有平等的關係　　不揮舞權力的大旗

此時，雙方必須站在平等的關係，這一點也很重要。對話中，必須先放下彼此的職銜、立場，站在對等的立場交談。

主管和領導人不能揮舞權力的大旗，非但不能明白展現高壓態度，也必須注意言行細節。要聆聽成員說話，謹記接納對方的意見。

討論的技術

對話時，成員之間保持平等關係十分重要。就算平時是上下關係，對話時也要站在對等的立場。特別是領導者，要避免言詞無意間破壞平等關係，並建立安全氛圍，讓與會者覺得不論說什麼都不會被冷落。

5 最糟的意見表達：「有人說……」

對話時，第四個要素就是參加對話的人，要帶著自我意見。

所謂的帶著自我意見是一種隱喻，指的是在其他人面前，提出自己一直抱持、但不為人知的意見和價值觀。

溫和表露內心想法，不是為了說服

我用「一直抱持」來表示，意思就是這些意見和價值觀，必須包含自己的堅持和想法。

到頭來，對話就是帶著自己的觀點，坦白自我。針對一起談論、還沒有結論的主題，說出自己內心的想法和價值觀、經驗，這是重要關鍵。

對話時，要溫和的在其他成員面前，
提出自己的意見和價值觀。
B
A
意見
意見
意見
C

還有一個重點，就是不能只有一個成員帶著自我意見，而是團隊所有成員都要這麼做。在這個基礎上，鑑賞彼此的想法。

為什麼對話時帶著自我意見很重要？這是因為我們在日常溝通時，總是習慣巧妙的迴避自我（自己的意見和想法），和他人往來。

平時溝通時，我們反倒希望，別人不要把關注的目標放在自己身上，在發言時會巧妙的操作印象，好像是自己以外的第三者說的一樣，例如用其他人、謠傳、社會、媒體等詞彙，這種例子很常見。舉例來說：

「私底下有人說……喔。」
「電視上說……。」
「有小道消息說，好像……。」
「其他人好像覺得……耶。」
「社會上，大家都說應該……。」
「社長好像說……喔。」

這些句子都沒有「帶著自我意見」。雖然每句話聽起來都頗像一回事，但很明顯的，主角都是自己以外的第三者。

這些句子有一個共通點，都欠缺某種要素，就是自己。「自己是怎麼想的？」、「自己如何思考這個問題？」、「自己有什麼感受？」這些內容都遺漏了。

在日常往來中，人們會很巧妙的避免在他人面前坦誠自我。各位讀者也請務必在職場討論時，注意聽一下商務人士的對話。你一定會發現，大家都很巧妙的避免在眾人面前坦誠。

如果是心理安全感很低的團隊、職場，這一點更是顯而易見。如果輕易說出自己的想法，可能會像棒打出頭鳥一樣，成為別人攻擊的對象（心理安全感低）。

在商業溝通裡，我想也有人在新人時期，前輩就指導說話要客觀、自己怎麼想不重要。這麼一來，這種傾向就更明顯了。

隱藏自己，和對象保持距離，客觀的說話，幾次下來商務人士就習慣了理想論的應對模式。所謂理想論的應對，就是「我們公司應該……！」、「我們團隊……是理所當然的！」等，彼此把自己相信的規範，套在別人身上。

不說自己的觀點，而是祭出冠冕堂皇的局外人的聲音，好像這些人就在旁邊，就這樣展開了「理想論」的應對。

可是從邏輯上來看，「應該……（理想A）」和「應該……（理想B）」理應是對等的。結果，無論彼此如何交談，意見依舊抗衡，不分上下。因此就討論不下去了。

例如，以下關於辦公室改革的案例，就是開會交談的多位商務人士陷入「理想論」的情況。

【討論案例⑤－1】談論什麼是理想的辦公室場合（遺憾案例）

會議引導者：我想和大家一起討論「何謂理想的辦公室」。請大家發表意見。

A：說到理想的辦公室，最近我看了一本關於辦公室的專業雜誌，裡面提到越來越多公司會打造能讓員工放鬆的溝通空間。說到這裡，競爭對手A公司好像也裝潢了一個很棒的空間，像……一樣，好像會被拿來作為辦公室的先進案例。我們公司也應該打造那樣的辦公室。

B：不對，不是那樣。員工對辦公室的期待不該是放鬆吧。辦公室必須具備提高創造力的機能，首先應該要有安靜的環境，能確保隱私，也能讓人獨處工作。知名的美國科技大廠G公司，好像營造了一個宛如個人辦公室的空間。我們公司也應該打造成那種辦公室。

C：話說回來，到底為什麼需要辦公室？我覺得遠距上班就夠了。辦公室的重要性越來越低，而且也有著名學者說應該減少辦公室。

在這個例子中，「理想的辦公室應具備能讓員工放鬆的溝通空間」、「好的辦公室應該是能確保隱私，讓人獨處工作的安靜環境」、「我們公司應該全面廢除辦公室」等，都是理想論的應對。三方意見激烈抗衡，而且還祭出辦公室的專業雜誌、美國科技大廠G公司，或著名學者等「局外人的聲音」，這樣已經沒有繼續討論的餘地了。

這裡欠缺的是「自我」，不要只說冠冕堂皇的理想論，最好要帶著自己過去關於辦公室的發言、想法。

那麼，會議引導者該如何促成一場讓與會者帶著自我的談話？所有成員的對話，又會如何改變？我們借用先前的例子來改善看看。

【討論案例⑤－2】談論什麼是理想的辦公室場合（好案例）

會議引導者：今天我想跟大家討論何謂「理想的辦公室」。不過在此之前，我們先聚焦一下。請大家根據自己的經驗，說說在什麼樣的辦公室工作，你會覺得很愉快？

A：這個嘛……可以和所有成員談話的狀態下吧。最近經常遠距工作，很少有機會跟其他同事見面。就算不能每天見面，也想有個機會和大家說說話。你看，大家上次不就碰巧聚在一起嗎，那天真的讓我鬆了一口氣。

大家：（原來如此……點頭同意）。

會議引導者：B覺得如何？

B：就像A說的一樣，現在經常遠距工作，我認為得有個環境，能讓大家聊聊天。不過，聚會的那天，我發現即使大家聚在一起，有時也必須和外部人士開線上會議吧？可是在那個當下，開線上會議時，麥克風會收到其他人的聲音。所以，我覺得辦公室最好是能確保隱私、可以獨處的空間。

大家：（原來如此……點頭同意）。

會議引導者：C，你覺得呢？

C：我原本認為遠距工作就夠了。一旦開始推動辦公室改革或其他措施，遠距工作的環境就消失了，我覺得這樣很遺憾。不過，每天在家工作，很容易運動量不足，如果可以並存，有辦公室還是很方便。如果要談比較深入、得仔細商量的事情，直接見面比較好談。

在這個案例中，會議引導者將提問改成：「根據自己的經驗，說說在什麼樣的辦公室工作時，你會覺得很愉快？」為了促進對話，而要求大家說出自我意見。結果，A、B、C紛紛開始說出「好的辦公室應具備能讓員工放鬆的溝通空間」、「應該是能確保隱私，讓人獨處工作的安靜環境」、「公司應該全面廢除辦公室」這些意見背後所隱藏的想法。

在這個例子中，仔細探究意見內涵，就會發現其實針對辦公室改革，三人的意見並非截然不同。雖然成員們各有不同的經歷，但大家能彼此妥協的一點，就是保留遠距工作，整頓出一個能保留隱私、獨處工作的辦公室。

對話時，與其努力解釋自己的意見、讓別人理解，不如在對方面前溫和的坦承自我，這樣就夠了。

在決策（議論）的階段必須討論應該做什麼、最好做什麼。可是在對話階段，最重要的是說出自己的想法，坦誠自我會大幅改變討論的品質。透過表露自我的會話，改變了過去以來的討論氛圍，如果用術語來形容這一瞬間，可以說是「經過深思熟慮後產生轉變的時刻：Deliberative Transformative Moments」[16]。

也有人說，討論的品質大幅躍升的起點，很可能就是每個人開始說出自己的故事和想法的時候。可是要達到這一步，重點是必須有人勇敢吐露自己的心聲，而且大家也要接受才行。

討論的技術

對話時，重要的是參加者帶著自己的意見和價值觀，溫和的呈現在其他成員面前。不是為了讓別人理解而說服別人，而是表露內心的想法，在他人面前坦誠自我，彼此交談。

6 試著穿別人的鞋

當團隊成員都能帶著自我，溫和的提出自己的想法之後，接下來的重點就是，不論他人的想法和自己的差異有多大，都要暫時接納。前面也已提過這一點。

想法不同，別急著馬上反應

當A溫和的提出意見時，參與對話的所有成員就要先聆聽A的意見，

16 Jaramillo, M. C., & Steiner, J. (2014). Deliberative transformative moments: A new concept as amendment to the discourse quality index. Journal of Public Deliberation, 10(2), 1-15.

不管出現什麼樣的想法、價值觀，
都先暫時接受。
請笑納！
謝謝！
原來如此……
也有這樣的想
法啊……

「啊，原來A是這麼想的。嗯……原來」，了解他的見解。

而當B溫和的提出意見後，也要接受B的想法，「喔，原來也有人是這麼想的」。暫時接納他人的意見時，要確實體會對方的感受。

這時，最重要的是鑑賞、斟酌（Appreciation）的態度。也就是說，先暫時接受對方說的話，仔細思考和自己的想法之間有什麼差異，又有哪裡相同。此時，必須保留思考的時間，所以對話中間會產生空白。

先暫時接受對方的想法，然後仔細推敲，思考「原來他是這樣想的」。對話時，也必須留有斟酌、審視的時間，不能省略。

我們可以用其他的單字來說明這個概念。

假設，現在有輸入資訊（Input）和輸出資訊（Output）兩個要素。忙碌的現代人接收來自於他人的訊息時（被輸入），會條件反射性的立刻思考、做出反應（＝輸出）。如果是商務人士，這兩者之間更必須講究效率。他們會覺得，縮短輸入和輸出的間隔時間才好。所以，我們的日常生活，其實就是輸入與輸出的無限連鎖反應。不少人應該也會面臨，輸入和輸出層層重疊的狀況。

事實上，仔細想想，在商業場合的溝通中，我們其實並未把對方的發言聽到「最後（語尾）」。在對方快說完話時，我們往往急著開始說話，兩個人的發言因此重疊，對方也一樣。除了發言，也會用「不錯喔」、「真好」、「就是那樣」等詞句呼應，蓋過對方的發言。

更糟的例子是，前後一連串的發言根本沒有邏輯關係，這種狀況經常發生。還有一種例子，是聽對方說話聽到一半，就從中擷取似乎可以拿來發揮的一個詞，然後說「剛剛A這麼說，所以我又聯想到，其實……」，結果根對話需要「處理能力」（throughput），花時間思考。

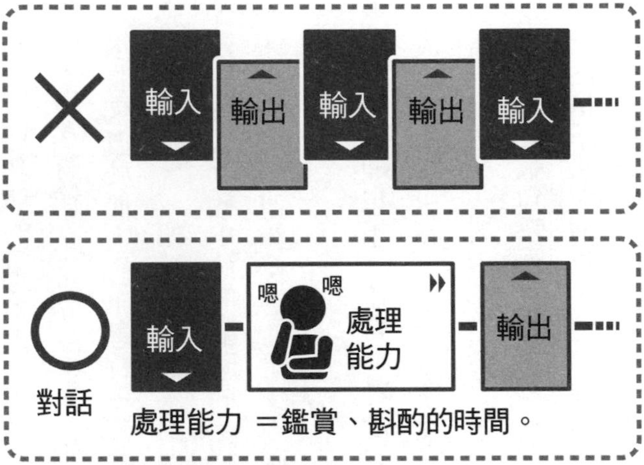

本風馬牛不相及。

所謂的對話，其實是有意識的暫停一連串輸入和輸出的行為。對話時，要在兩者之間加入處理能力（Throughput），也就是前面說的鑑賞、斟酌。說穿了，就是站在對方的立場，思考對方的主張和自己有什麼差異。

這需要花點時間，所以會產生空白。只要想確實理解、斟酌對方的想法，就一定會出現留白的時間；而要確實讓對方聽進自己的話，也需要空白時間讓對方思考。

因此，對話就是聆聽對方說

話，出現空白，然後其他人再接著說的溝通方式。比起一般所謂的溝通，其中的等待時間比較多，會出現安靜沉默的時刻。

最終，對話也就是彼此認真聆聽對方說話，所以過程中，便會展開一場「寧靜的溝通」。這和日常生活中，我們常常採用的溝通方式，也就是在別人說話後加上自己的意見，截然不同。

我們在寧靜的時間裡，彼此確認雙方意見有哪些差異。換句話說，也可以稱得上是一起尋找從何處開始相互了解，又從何處開始無法相互接納，暫時享受還未彼此理解的狀態。

用對方的視線看問題，理解自己眼中的不合理

此時，雙方都不能忘記重要的知性態度，就是要重視「他人的合理性」[17]，這裡是指，別人有專屬於他自己、合乎道理（合理性）的世界存在。

17《定性社會調查的方法 他人合理性的理解社會學》（質的社会調査の方法 他者の合理性の理解社会学），岸政彥、石岡丈昇、丸山里美著，二〇一六年，有斐閣。

對話＝寧靜的溝通

非對話＝不斷堆疊的溝通

從正對面看，也無法了解對方的視線看哪裡。
站在對方身後，從對方的視線去看，站在他人的立場看他正在注視的東西。
原來她一直看著那裡啊

具體來說，看在外界其他人眼裡，某個人的行為即便極不合理，他也是以他自己的邏輯認真面對事物，在他的心中也有一定的合理定義存在。

該如何理解在你眼中看來極不合理的「他人的合理性」？就像上面的插圖一樣，只能站在她的背後，看著她正在看的景象，站在對方的立場思考。

我們試著做一個思想實驗。下頁的插圖，是兩個面對面的人，這兩個人之間有個數字。在右邊的人眼裡，這個數字是「九」；但在左邊的人眼裡，這個數字是「六」。

其實日常生活中，也經常發生這樣的情況。從自己的立場來看，怎麼看都是「六」；但從對方的位置，站在他背後看過去，就會看出「九」。以溝通的觀點來說，乍看之下意見好像對立得很嚴重，但如果站在對方的立場，就能了解他為什麼有這種回答和見解，也就能體會到他人的合理性。

在社會上，即使大家看的是同樣的事物和現象，但因為立場不同，也會看出截然不同的結果。這種狀況很常見，所以透過對話、彼此確認十分重要。

是擊退惡鬼的桃太郎？還是殺害父母的凶手？

這裡再為大家舉一個例子。第一五七頁的報紙廣告，是「另一個桃太郎的故事」[18]。廣告的下方，有一個小鬼站在中央，他流著淚說：「我爸爸（鬼）被一個叫桃太郎的人殺了。」大家看了這則報紙廣告後，有什麼感想？大家理解這則廣告想表達的意思嗎？

一般我們熟知的《桃太郎》，故事內容是「惡鬼以暴力襲擊、掠奪村落，後來被桃太郎打跑了」。在桃太郎擊敗惡鬼的故事中，他奇襲並殺死了鬼之島的惡鬼。惡鬼被殺天經地義，桃太郎是正義的化身，也是英雄。

可是，就像這個報紙廣告一樣，如果站在鬼的立場看這個故事，就會得到完全不同的觀點。廣告的主角是惡鬼的小孩，他用悲傷的眼神傾訴：「我爸爸被一個叫桃太郎的人殺了。」

18 山崎博司、小畑茜，「可喜可賀、可喜可賀？」日本新聞協會／報紙廣告創意大賽二〇一三年度最優秀獎。

我想大家應該已經了解，即使是鬼也要養家活口，所以鬼才會去村落狩獵、掠奪，結果卻被桃太郎殺死。

一樣是《桃太郎》，就看你用什麼觀點去看。如果站在鬼的小孩的立場看整個故事，桃太郎根本不是正義的化身，反而是壞蛋。所以觀點不同，合理性就改變了。最重要的是，要理解其他人也抱持著「他人的合理性」。

對話時，傾聽對方的意見，探索彼此想法的差異時，有時也要體會「好像在穿別人的鞋」的感覺。

所謂穿別人的鞋，是引用作家、專欄記者布雷迪・美佳子（Brady Mikako）在其著作中的話[19]。意思是「站在別人的立場思考，有時就像是穿別人的鞋一樣，總覺得不協調」。

長期以來，我們在學校裡，總是被教導要設身處地、體會別人的心情。可是在那個當下，我們真的穿了「別人的鞋」嗎？穿了別人的鞋，自然會覺得不協調，但我們真的能在這種感受下，站在他人身後去看他所看到的視野嗎？還是其實我們只是假裝站在別人的立場？自我警惕，我覺得穿別人的鞋，真是不容易。

惡鬼的孩子哭訴父親被桃太郎所殺。廣告帶讀者從另一個角度看《桃太郎》。

忽視少數派的聲音，最終淪為一言堂

在探索想法差異時，另一個要注意的是，別忽視少數派的聲音。

對話時經常發生以下狀況，「好不容易鼓起勇氣說出意見，結果沒人理我」，或是「因為是少數派，沒什麼聲量，結果一句『嗯，沒差啦』就被否決了」。如果忽視少數派的意見，討論就無法讓所有人心服口服。

或許也有人認為，反正最終也不會採納少數的人的意見，放著不管也沒關係。不過，採不採納是另一回事，重要的是彼此要先交流觀點以及意見的差異。一定要讓所有成員都有機會表達意見。其他人也要仔細聆聽，別放過任何細微差異，這一點很重要。

討論的技術

對話中，重要的是暫時接受並享受彼此想法的差異、無法理解的觀點。除了交換意見，還要留空白時間，讓成員理解雙方意見，產生「寧靜的溝通」。即使看的是同樣的事物，也會有不同的意見和認知，這很正常，要實際感受這種不協調感。

19《穿別人的鞋：同理心指南，消弭分裂，懂得聆聽，成就更有包容力的自己》（他者の靴を履く アナーキック・エンパシーのすすめ），布雷迪・美佳子（Brady Mikako），二〇二一年，文藝春秋。

7 說話不要看手機

閱讀本書前，或許有讀者認為所謂的對話，就是好幾個人聚在一起，溝通得越來越熱鬧。

在商務人士之間，很多人都知道所謂的「敞開心胸、不拘束的溝通方式」（WAIGAYA，按：日文「ワイガヤ」的羅馬拼音，形容熱烈討論、暢所欲言的樣子），也就是同一組織的人，不分公私等特定主題，許多人一起樂在其中的溝通。或許也有人會覺得，這就算是對話。

全心投入，保持臨在

但其實對話和我們熟知的日常溝通大不相同，應是要帶著自我，接受他人想法，並留足夠的空白時間，仔細思考。換句話說，是仔細接受對方的意見並思考、留有空白的溝通時刻，也是傾聽他人意見的時間。因此對話其實是種寧靜的溝通，和氣氛是否熱絡完全無關。只要能傾聽彼此的想法，就算氣氛不熱絡也沒有關係。我們通常不習慣這種溝通方式，所以必須確實學會討論的技術、對話的技巧作為基礎。

對話時，重要的第六個要素，就是參加者必須謹記，持續活在當下、重視這一個瞬間（Here and now）。成員必須在當下投入自己的存在和意識，並保持臨在（Be present）。我們在「此時、此地」這一瞬間，誠實面對自己的感受和腦中的想法，將自己的發現傳達給對方，不能逃避。

然而，相對於此，在日常生活中，我們往往沒有活在當下，也沒有維持臨在。反倒是把心朝向「There and then」（在他處發生、之後的事情），而未保持臨在（Not to be present）。

舉例來說，在對話中途看手機，稱不上是活在當下或臨在的態度。此外，當工作坊進行到一半，接到公司的電話，便丟下一句「對不起，我去旁邊講一下電話，這件事有點棘手」，就是選擇關注其他地方發生的事（There and then），不保持臨在的證據。

對話時覺得「坦誠自我令人厭煩」等情緒，也顯示出一個人想逃離當下和臨在的傾向。正視自己的內心，把想法化為言詞，注意當下有什麼樣的情緒，是很累人的。要向他人吐露內心世界，更讓人覺得難度很高。

此時，也就是對話時，開始厭惡面對自我的時候，人就會想逃離當下和臨在的世界，遁入他處、不保持臨在。在後者的世界中，只有一般論、理想論和「聽說」，借用外部權威及媒體的話，試圖用一般論和理想論含混過去。

對話時，重要的是每位成員都重視當下、這一個瞬間，交出真心、保持臨在，傾聽彼此的想法與感受。

討論的技術

對話不是把注意力放在過去和未來，而是專注在當下、此刻的溝通。正視此時、此地的自己，在他人面前坦誠想法，有時會很辛苦，但這種當事人性質，是對話時不可或缺的。

8 這樣表達不是討論，是找碴

對話中，如果齊備了前述①至⑥的要素，順利的話，就可以得到以下兩大成果。

第一個成果，就是在對話中質疑過去以來的自己，獲得改變自我的契機（自我轉型）。說得更具體一點，就是對話後，參與的成員都可以得到以下成果：

一、明白「自己過去一無所知」。
二、能發現不同的觀點，「原來別人是這樣看待我的想法」。
三、不再「自以為是」（Doxa，按：希臘語，原指想法，日文中多是指「自認為」），讓自己歸零。

和意見不同的人對話，可以讓我們客觀的檢視過去的自己。這是再怎麼思考也做不到的，是十分寶貴的經驗。

這種對話效果，就是透過尊敬他人（對他人的尊重），達成懷疑自己（自我懷疑）。哲學家鷲田清一就曾在報紙上介紹過，明治學院大學的教授高橋源一郎，在學生課程講座上很重視這一點[20]。

對話時尊敬他人的意見，並暫時接受（Acceptance）該意見。此時，尊敬他人是不可或缺的要素，同時也要自我懷疑：「說不定是我錯了？」最終，自我懷疑有助於發現新的自我、提升自己的想法。

對話時，可以透過尊敬他人，進而質疑自己。可是在一般社會中，做法卻往往相反，也就是懷疑對方的想法，尊重自己的想法。在這種狀況下，對話便不可能成立。

即使有自己的意見，也要有勇氣暫時放下。謹記這一點，才有可能和他人對話。

以成人來說，改變自己往往會伴隨痛苦。傑克・梅茲羅（Jack Mezirow）教授之前在哥倫比亞大學研究所教師學院（Teacher’s College）執教，他就曾

20 〈應時的話：一〇二六〉（折々のことば：1026），鷲田清一，《朝日新聞》，二〇一八年二月十九日。

一語道破：「成人的學習會伴隨著痛苦。」考慮到這一點，就知道所謂的對話，絕對不是甜美的萬能藥，反而應該說是苦口良藥吧。

討論的技術

對話就是發現自己一無所知，自覺到「無知之知」的情況。也就是懷疑自己的想法，尊敬（尊重）他人想法。

9 凝聚共識像喝中藥，得花長時間才看得出療效

藉由對話得到的第二個成果，就是成員之間能產生共識。經過多次對話後，有時會發現他人的意見、經驗，有些部分和自己的類似。從他人的經驗中，萃取與自己的想法本質上重疊的部分，這就是所謂的「本質直觀」[21]。面對剛剛還覺得陌生的人，找出與自己的共通點。

當然，如果每次都能產生共同的認知，自然是再好不過。不過，世事不會如此盡如人意。

21《哲學是對話 柏拉圖、胡塞爾〈建立共同了解的方法〉》（哲学は対話する プラトン、フッサールの〈共通了解をつくる方法〉），西研，二〇一九年，筑摩書房。

所謂的對話，原本就是指可能無法相互理解的眾人認真面對面，表露出彼此差異的溝通方式，所以即便對話了，還是有可能無法達成共識。

對話就像喝中藥調體質

對話後，有時也只會留下彼此無法理解的惆悵，得不到前面說的成果。而且光靠一次對話，有時也還未完結，過程可能很花時間。也必須經過無數次，才能從他人的意見和經驗之中，找到和自己重疊的部分。

但為了彼此了解，也只能在體認到這些前提之下，努力反覆溝通、對話。

比方說，現在我負責的二十位研究所教職員工，會在每一學期期末，空出時間對話，大家一邊看著學生的回饋問卷，一邊回顧「學生們對我們的課程有什麼想法」、「今後該怎麼做」。

很多職員很忙，所以對於對話或回饋，有時也會忍不住覺得「省略也無妨」。我其實也會有這種念頭，不過，如果人與人之間要透過對話共生，就必須腳踏實地下工夫。

對話很花時間，或許就像是天天喝中藥來改善體質一樣，不太可能今天喝了藥，明天就突然精神百倍。必須持之以恆，反覆多次之後，有時突然就會有所發現，產生共識。

討論的技術

反覆對話後，成員之間便會產生共同認知。對話並非一夕之間就能解決問題的萬能藥，反而像是慢慢調理體質的中藥一樣。而藉此孕育出的共識，正是步入下一階段的起點。

10 好的討論和遺憾的討論

前面透過對話的八大要素，一起了解了「何謂對話」。

【①前提、心態】

一、在還未有結論的主題下討論。

二、認真與對方交談，人人都要有發言的機會。

三、平等的關係最適合。

【②行動】

四、要帶著「自我意見」參與。

五、要相互探索彼此想法的差異。

六、活在此時、此地，專注投入。

七、懷疑自己，察覺他人。

八、建立共同的理解。

【③成果】

我再次彙整這八大要素，其實可以整理成前述三點：①前提、心態，②行動，③成果。

結論就是，所謂對話，是在還沒有結論的主題下，大家平等的坦誠以對，互相交談（前提、心態），在交談中表露彼此意見和想法的「差異」（行動），有時促進了解自己與了解他人，以建立共同的理解（成果）。對話可說是提供以上機會的溝通方式。

對話不可或缺的「八大要素」

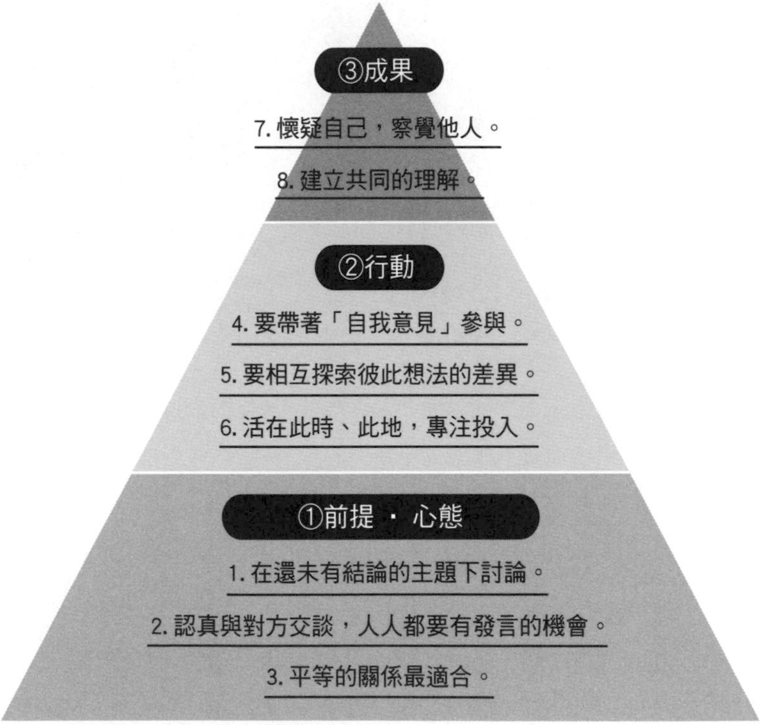
③成果
7. 懷疑自己，察覺他人。
8. 建立共同的理解。
②行動
4. 要帶著「自我意見」參與。
5. 要相互探索彼此想法的差異。
6. 活在此時、此地，專注投入。
①前提・心態
1. 在還未有結論的主題下討論。
2. 認真與對方交談，人人都要有發言的機會。
3. 平等的關係最適合。

對話要不起爭執，關鍵是？

本章最後為讀者們準備了案例分析，讓大家一起學習什麼才是更好的對話。分為對話成立的好案例，與對話不成立的遺憾案例。

一開始，請大家先看遺憾案例，思考哪些地方該如何改進，然後再看好案例。如果是你，會如何改善這個遺憾案例？請各位務必思考一下，如果自己也在現場，應該怎麼做。

· 背景

教育科技（EdTech）企業「Running Scape」，二〇二〇年起推出新服務「Study Box」。服務啟用後，經過一年的驚濤駭浪，終於要進入第二年了。

在即將邁入第二年的關鍵時刻，Study Box 的負責人、工程師和後勤支援人員一起討論「Study Box 的未來」。

．登場人物

中島先生：Study Box 負責人。
藤森先生：Study Box 工程師。
守山先生：Study Box 工程師。
加瀨先生：Study Box 後勤支援人員，負責事務、雜務。
鈴木先生：Study Box 後勤支援人員，負責事務、雜務。

【討論案例⑥－1】遺憾案例：在討論未來新服務的場合

中島：這一年大家辛苦了。今天正巧是個好機會，我想和各位一起討論今後 Study Box 應該呈現什麼樣貌。我希望大家說說看，你們希望今後 Study Box 怎麼發展。首先從工程師團隊開始。藤森，你覺得如何？

藤森：這個嘛。我希望能讓更多人使用 Study Box 學習，所以不如去除現有的使用者限制，大膽的增加使用者人數，不知道大家覺得如何？剛開始推出服務時，大家都戰戰兢兢，所以設下用戶人數限制，不過已經過了一年了，我們也累積了穩定運作的經驗。我覺得伺服器應該是沒有問題。

中島：喔，這樣啊？這麼說好像也對，好像真是這樣。那麼下一位，加瀨覺得如何？

加瀨：我也想過包含藤森在內的工程師團隊，可能會希望讓更多人使用。可是現實問題是，如果用戶人數比現在更多，後勤支援等應對使用者的工作就會超載。增加用戶，就表示也會增加後勤事務工作和支援業務。要讓使用者暴增不難，可是我老實說，現有的機制負荷不來。我覺得難度很高。

中島：可是，後勤工作是不是也有改善的空間？

加瀨：你說改善嗎？現在我們已經很努力在做各種改良，還要再多的話，實在是……。

中島：嗯……我是覺得，無論是工程師團隊還是後勤支援團隊，在推動業務方面應該還可以再改善。後勤支援團隊也可以導入ＡＩ啊，就導入ＡＩ吧。這樣的話。就可以像藤森說的一樣，增加使用者人數，不是嗎？守山，你覺得如何？

守山：我們工程師團隊也明白，後勤支援團隊的工作很辛苦。不過，要實現公司的理念，現在可是最佳時機，應該要向前衝。

中島：鈴木覺得如何？

鈴木：我認為重要的是，讓更多使用者使用Study Box。可是Study Box的賣點，是支援使用者深度學習。我擔心萬一用戶增加了，後勤支援機制會變得隨便，影響我們原本想提供的服務品質。

中島：為什麼用戶數增加，就會降低服務品質？有什麼佐證嗎？

鈴木：佐證嗎？我是沒有。不過，以現今的機制來看，使用者人數一旦增加，服務品質低落，不是顯而易見的結果嗎？

加瀨：剛剛工程師團隊、中島都說，只要改變我們支援團隊的工作就可以了，可是後勤支援的內容，也需要技術方面的對應。因此工程師團隊也不可能跟過去一樣，只要專注開發就好，這樣沒問題嗎？需要技術支援的部分，工程師團隊有能力全部處理好，我可以這樣解讀嗎？工程師們可不能說自己只負責寫程式，其他應對使用者的工作就交給別人這種話喔。

中島：嗯……啊，竟然這麼晚了。不好意思，今天時間不夠，我們下次再談吧？OK。今天能聆聽大家的意見，真的很有意義！那麼就先到這裡為止吧……。

全員：……（下次真的可以統整出結論嗎？）

以上就是遺憾的對話案例。最後，在加瀨用有些挑釁的態度，對負責人中島施壓後，中島就以「沒時間」為藉口逃避了。不只是加瀨，所有人都在心中留下疙瘩，這種結束方式可說是最糟糕的。

這場討論應該從哪些地方、如何改變才好？請大家先思考一下，再看看下面的好案例。

【討論案例⑥－2】好案例：在討論未來新服務的場合

中島：這一年大家辛苦了。今天我想跟大家回顧一下今年度的Study Box。首先請大家告訴我，這一年來在我們的服務與工作中，讓你印象深刻的一件事。每個人都發言後，如果方便的話，我想和大家討論，各位今後透過 Study Box，想為社會實現什麼願景？首先是工程師團隊的藤森，你有什麼想法？

藤森：我們總是只從技術的觀點看事情。今年特別讓我印象深刻的是，有位年輕的使用者利用 Study Box 的社群功能，開始教銀髮族用戶操作和使用的技巧。說到這裡，好像也有一位日本女性，指導看不懂手冊的外國使用者如何操作。這讓我覺得，Study Box 就好像是一種工具，可以促進「一起學習」和「不分年齡、國籍的學習」。我希望今後這種例子越來越多。

中島：謝謝你。原來有這些案例。我真希望自己親眼目睹啊。會後再請你告訴我 URL。不過，藤森想說的是，今後應該增加這種緣分，盡可能增加使用者人數，是這個意思嗎？

藤森：是的。我希望能讓更多的人使用。所以，不如解除 Study Box 的使用者人數限制，增加用戶數，如何？

中島：謝謝你。加瀨的想法呢？

加瀨：這個嘛。在 Study Box 中出現各種自動自發的互助與支持，我也覺得很高興。我們的工作是支援使用者，真的很忙碌。用戶能自發成立社群，我們真是求之不得。即使後勤人員的支援不多，使用者也能樂在學習。我覺得這樣的環境或許已經成形了。只是我有一個問題，藤森提到想增加使用者人數，請問您覺得要增加多少人？

藤森：我希望一個月增加一百位，是以階段性增加的概念。雖說要解除使用者限制，但我想一下子突然增加一、兩千位，這樣應該會受不了。技術方面也一樣。伺服器或許還能承受，但詢問的人增加的話，需要的技術支援想必也會增加。

中島：如果真的能逐步緩慢增加，有什麼優點？

藤森：雖然 Study Box 的確形成了很棒的線上社群，但我想未來也會慢慢僵化，發言可能越來越千篇一律。所以我想促進新陳代謝，永保如新。當然，我也想要獲利，不過不是因為無法增加對原有使用者的銷售，才想要增加人數。而是為了維持活力又有朝氣的社群，才想穩健的增加。

中島：原來是這樣的想法。穩健的增加，原來如此。加瀨，你覺得如何？

加瀨：謝謝。其實現在負責用戶支援工作的後勤人員非常忙碌，如果用戶人數暴增，我擔心無法負荷。不過，聽到大家的想法是傾向逐步增加，我就比較安心了。我也覺得，如果是用穩健的步調增加使用者，可以一邊整頓後勤支援機制並推廣學習，這樣也好。逐步增加應該是不錯的方法。

中島：謝謝你。守山覺得如何？

守山：我覺得使用者之間互相刺激，努力學習，這一點真的很棒。所以，從多樣化的角度來看，最好能讓各式各樣的學生加入，會比較理想。

中島：這樣啊。意思是說，你認為不只單純增加人數，也希望拓展聽講學生的多樣性吧。原來還有這種想法。鈴木覺得如何？

鈴木：現在後勤支援團隊的職員，也正在思考增加用戶數的對策，我們針對目前的使用者做了問卷調查。結果，針對為什麼用 Study Box 學習的問題，非常多人回答：「因為有許多既專業又有魅力的使用者，這是自己的職場欠缺的。」、「使用者之間的交流很有趣。」所以，如果能同時維持Study Box的品質，並增加使用者的深厚關聯就更好了。

中島：原來也有「深厚」的概念啊。謝謝。我還想跟大家多聊一些，不過今天已經沒有時間了，希望下次大家再提出更詳細的想法。不過，我們總得在某個時間點，決定今後要朝什麼方向前進，所以在那一刻到來之前，希望大家花一點時間分享彼此的理想目標。今天會議先到這裡結束。謝謝大家。

全員：謝謝！

大家覺得以上的對話案例分析如何？接下來為各位一一解說。

要建構好的對話，首先重點就是參加的成員共享相同的願景。針對討論的事項，如果各有不同的理想與目標，就無法聚焦。從這一點來看，遺憾案例便可說是典型的例子。

在遺憾案例中，一開始工程師團隊的藤森表示要增加使用者人數。不過，從好案例中可知，藤森其實是希望一個月增加一百位，是階段性增加的概念。

可是，後勤支援人員加瀨聽他這麼一說，想到的卻是「讓使用者人數暴增」。一下子大量增加，會造成非常麻煩的狀況，所以他不想這麼做，這也是情有可原。在遺憾案例中，大家無法共享理想目標，所以話越說越不投機，最後形成對立。

那麼，應該如何是好？必須改變的是一開始的提問。遺憾案例中，因為提問不合宜，大家無法共享理想目標。其中，提問者提出的問題是：「今後Study Box應該呈現什麼樣貌？」、「Study Box應該怎麼發展？」

聽到這個問題，藤森回答：「大膽的增加使用者人數，不知道大家覺得如何？」但「大膽的」這種用詞特別讓人印象深刻，也放大了「增加」這個動詞的力道。所以後勤支援人員聽了之後，想到的是增加好幾倍。

「Study Box應該怎麼發展？」這個提問不該出現在對話階段，這是屬於「決策（議論）」階段的提問。這樣的提問方式，就是跳過藉由對話共享理想目標的時間，突然就打算立刻決策，所以大家無法心服口服。

所以在好案例中，我就將提問改為對話模式的提問。

具體來說，就是把問題調整成：「請告訴我，在我們的服務與工作中，讓你印象深刻的一件事。」、「各位今後透過Study Box，想為社會實現什麼願景？」

先回顧今年度的表現，再請參與的每一位成員，針對「如果未來 Study Box 變成這樣，很令人高興」，發表自己的想法。

讓每位與會者確實說出想法後，就知道工程師團隊並不是想大量增加使用者人數來賺錢，而是為了社群的健全發展，在中、長期慢慢增加使用者。這時就出現了「穩健的增加」這種隱喻（理想目標）。

在好案例中，後來因為大家紛紛說出真心話，「我覺得如果能這樣實現就好了」，成員可以在腦中描繪未來的 Study Box 願景，並且彼此平等的討論。

人們在思考想要實現的願景時，如果不能共享相同的理想目標，就無法決策。總之，目標和方向不一致的話，就沒辦法決定。

所以，特別是領導人和會議引導者，要利用類似好案例中的提問：「那是什麼樣的想法？」、「你覺得如果能實現怎樣的情境會更好？」直接詢問十分重要。

在上述的案例分析中，我用了某教育科技企業為主角。不過，我認為這樣的案例，應該會出現在所有團隊、企業中。

在這類對話中，每個成員看事情的角度都不同，所以重點是讓大家說出自己的認知。每個人各自曾有什麼樣的經驗、內心是怎麼想的、希望未來如何，這些都是表面上看不出來的，如果不先把它搬上檯面，那麼不管怎麼做，都不會順利。光靠組織高層喊著「要這樣做」，團隊也不會動起來。

討論的技術

好的對話，是與會成員從共享相同的理想目標開始討論。所以（有時）可以在理解彼此的意見差異後，找到共同的認知。相對的，遺憾的對話無法共享相同的目標、理想，話不投機，成員無法達成共識。為了避免事態演變至此，最重要的是好好設定「起初的提問」。

第三章總整理

- 對話的八大要素：
  1. 在還未有結論的主題下討論。
  2. 認真與對方交談，人人都要有發言的機會。
  3. 平等的關係最適合
  4. 要帶著「自我意見」參與。
  5. 要互相探索彼此想法的差異。
  6. 活在此時、此地，專注投入。
  7. 懷疑自己，察覺他人。
  8. 建立共同的理解。
- 要建構好的對話，會議引導者一開始就必須先妥善設定提問，以引導出參加成員真心的意見。
- 要建立成員之間坦誠以對的平等關係，會議引導者不能害怕「空白」，就算會出現沉默的時間，也要耐心等候。此外，也要說些大家都能討論的內容，營造「不論說什麼，都不會被冷落」的氛圍。
- 對話時，重要的是參加者要帶著自己的意見和價值觀，在

（接下頁）

其他人面前溫和的呈現。交換意見後，留空白時間讓彼此理解對方的想法，才能產生「寧靜的溝通」。

- 對話，就是明白自己一無所知。所以，不必去爭辯自己的想法正確或者不正確。
- 反覆對話後，成員之間也會產生共同的理解。而藉此孕育出的共識，正是步入下一階段的起點。

專欄

如何跳脫「理想論」的各執己見？

開始對話後，會發生什麼事？

關於這一點，有一個簡單明瞭的例子，就是肯尼斯・格根（Kenneth J. Gergen）在其著作《醞釀中的變革：社會建構的邀請與實踐》（*An Invitation to Social Construction*）（日文版於二〇〇四年，Nakanishiya 出版）中提到的「公共對話計畫」（Public Conversation Project）。

美國社會長期懸而未決的議題之一，就是贊成或反對墮胎。贊成派和以天主教為首的反對派，兩方的意見南轅北轍，雙方永遠處在兩條平行線上。

過去以來，只要是沒有交集的議論，就會流於理想論。

這個例子中，贊成派主張應該同意墮胎，還拿出科學數據與證據證明墮胎的必要。而反對派同樣的也蒐集了一些數據與證據，足以佐證不應該同意墮胎。

可是這樣下去，雙方永遠各說各話，沒有共識。在這種狀態下，如何才能讓兩者處於良好的關係，開始討論？此時就要實行公共對話計畫。說得極端一點，這個計畫就是「先從對話開始」。

兩個陣營只針對墮胎的是非議論，就會陷入理想論的應對。因此在此之前，他請雙方聊聊墮胎以外的事。此時他具體提出以下三個提問：

①為什麼你關心墮胎問題？請告訴大家這個問題和你本人的關係，以及相關的來龍去脈。
②請再告訴大家，你本人對這個問題的信念與展望。此外，對你來說，最重要的究竟是什麼？
③關於這個問題，在你們的做法中，有沒有讓你覺得半信半疑的部分，覺得還少一些確鑿的證據、擔心的事，以及與價值觀矛盾的地方，或是希望有人理解的複雜心境等？

他請大家針對這三個提問，逐一暢談自己的經驗和想法，然後再陳述自己贊成或反對墮胎。其實說穿了，這種做法就是希望大家用「我訊息」（I Message，以我為主語）來發言。

結果如何？兩方並未改變各自對於贊成或反對的主張。可是因為彼此理解了「為什麼對方會那樣主張」、「為什麼這對他的人生很重要」，得以不再像過去一樣，單純把對方視為死敵，而是可以接受對方為「鄰居」了。

祭出理想論、冠冕堂皇的論點或駁倒對方，其實沒有好處。因為這只是為了贏而議論罷了。辯贏對方雖然可以自我陶醉，認為自己是對的，但這不代表任何成就。只不過是惡言相向，更加厭惡彼此而已。

冠冕堂皇的論點，有時是一種暴力，有時也會讓人陷入自我陶醉。這就是錯誤的討論最可怕的地方。

為了避免陷入這種一無所獲的討論，對話便是不可或缺的歷程。對話之後才能啟動下一階段，這種例子出乎意料的多。

第4章

怎麼溝通都沒有結論時

1 光對話沒用，得有結論

前面的章節，已經詳細說明了討論中的對話階段。決策前，所有成員必須先說出自己的經驗、想法、價值觀等，讓大家為理想目標聚焦。每個人表達自己過去以來的經驗和價值觀，了解與他人的差異為何，這種溝通便是對話。

在本章，我想說明討論的另一個階段「決策（議論）」。決策完成後才有成果，討論才算結束。

議論不是駁倒對方，而是找最佳解

在對話階段，雙方彼此表示「我（I）」的意見、想法，整理彼此之間的異同，釐清共通的部分與無法相互理解的內容。當輪廓變得更清晰後，就本書的範疇——「討論」

要進入下一個階段——決策（議論）。

做最終決定時，必須議論。不過，議論不是駁倒對方、貶低對方。所謂的議論，就是當出現A和B兩種意見時，大家一起釐清各種意見的優、缺點，找出對「我們（We）」來說的最佳選擇。然後，透過這樣的程序，針對我們的選擇，尋求能讓大家心服口服的結果。

我再強調一次，所謂好的討論，就是從彼此表露出「我（I）覺得……」的對話開始，到做出「我們（We）想……」的決策為止的溝通。決策與其後的實踐（行動），才會決定最後的成果。

對話不是行動，無法形成決策

先來談談在決策和議論之前的事。

其實在最終決定和議論前，我最擔心的是，因為大家太過普遍的認為對話很重要，而陷入「對話萬能症候群」或「對話浪漫主義症候群」之中。

上課時，老師告訴我們要對話；讀管理學教科書，書上也說要對話。每當有人這麼說，就很容易產生誤解，以為對話就像是揮一揮魔法杖、什麼事都能達成的神奇手段，而且聽越多次，這種誤解就越深。

對話萬能症候群，指的是以為只要持續對話，自然就有進展的毛病。一旦出現這種毛病，原本明明應該進入議論和決策的階段了，卻陷入對話中無法自拔。

另一個對話浪漫主義症候群，則是被對話既甜美又羅曼蒂克的想像所迷惑，陶醉其中。這也是把對話本身當成目的，最後走不出來的窘境。

我必須再三強調，對話本身沒有生產力，它只是每一位參加的成員，闡述自己的意見，表露出差異的溝通，因此光是這樣還無法推進。左右生產力的，是在對話之後的決策（議論）與實踐（行動）。

然而，在商務場合也很常看到有「對話萬能症候群」的人。

前一陣子我剛好有機會去拜訪某家企業，他們剛做完敬業度調查，正在推行組織開發，結果經辦人員來找我諮詢。

「看了調查的結果，老師說大家一起解釋最終數據很重要，所以我們就這麼做了。可是什麼都沒改變……」他這麼告訴我。

我聽了之後，便問他：「有沒有根據解釋之後的結果，化為某些具體行動？」他回答：「沒有，我們只是對話而已。」

我就告訴他：「只有對話，改變不了任何事，之後如果不決定該怎麼做並付諸實行，就沒有任何意義。」這真的是受到對話萬能症候群毒害的最佳例子。

順帶一提，近年來，商業場合很流行的一對一面談，也可以說是同樣的狀況。在一對一面談中，事前準備和回顧能提升對話品質，當然很重要。不過，最重要的是決定之後該做什麼。面談本身不會帶來任何結果，想要創造成果，只能靠行動、實踐。

可是，我們常看到「一對一萬能症候群」的例子——欠缺行動與實踐，只剩下「我喜歡和部屬一對一面談，而且和大家對話很有趣」。大家絕對不能因為覺得對話有趣，就停下腳步，得決定下一步如何行動，才會有成果。

不論是對話或是一對一面談，或者還可以納入心理安全感，當我們聚焦在特定的方法或關鍵字時，注意力常常會被方法奪走，忘了該決策並付諸行動。

不過，無論什麼情形，最重要的都是決策、執行，要緊的是實踐。

如何才能做好決策？

在民主式討論中，決策的大原則，就是自己的事自己決定。第一章曾引用宇野重規教授的著作，說明民主主義的原則是權力歸於人民。既然如此，決定行使「Power」的對象與方法的，只能是「People」（我們自己）。其他人在自己不知情的情況下做的決定，即便對方說「已經這樣決定了，你就照做吧」，也不會有人有幹勁執行。

如果是自己的決定，會覺得「既然是我決定的，那也沒辦法。我就是這個行動的主人」。如此一來，便對該決策擁有「所有權」（Ownership），更會把這個決定當成自己的事，付諸行動。

問題在於，做決策的人不是只有我自己，而是我們——超過一人的群體。當然，其中會有意見相悖，所以做的結論無法一下子讓所有人心服口服。為了盡可能讓所有成員服氣，就得採取合宜的決策程序。

對話後的決策（議論）階段，也和對話一樣重要。以下就為大家介紹決策（議論）的規則。

討論的技術

如果一直反覆對話，卻不進入決策和實踐階段，就沒有任何意義。如果缺乏所有權意識，不認為「因為是自己做的決定，就去做」，便不可能改變現實。

2 釐清各方案的優、缺點

前面說明了決策（議論）的重要，接下來我想談談具體的決策（議論）規則，以下整理成五點：

一、釐清優、缺點。
二、別輕易採用多數決。
三、由誰決定。
四、何時決定。
五、如何決定。

用刪除法減少選項

首先，第一個規則就是在做最終決策前，一定要先議論並釐清優、缺點。當問到A案和B案哪個好的時候，不少人會憑直覺或一時的想法，決定「好像是A吧」。但是靠直覺決定，不等於那個人很隨便，反倒常常是因為沒人明確告知A案、B案各自有什麼優、缺點，才無法邏輯的判斷。

所以，一開始該做的，就是把A案、B案各自的好處與壞處全部放上檯面，讓每個人都能看到，才能邏輯性的思考。在前面的程序中，已經有了對話的經驗。C對於A案的想法、D對於A案的想法、E對於B案的經驗、F對於B案的堅持……我們應該已經知道這些內容存在著差異。

但我們還是必須在這樣的狀態下，在某個時間點做決定。為了繼續向前邁進，創造成果，大家必須充分議論後決策。

此時重要的是，在大家都看得到的檯面上，針對所有的選項，充分表達對於「我們」（We）來說的優、缺點為何，再比較、斟酌。也就是所有人要看著相同的內容（共同注視），再相互比較。

二乘二優、缺點整理表

方案	優點	缺點
A 案		
B 案		

具體的做法，就是在對話結束後，由會議引導者整理出有哪些方案留到最後，並再次闡明各方案背後的想法。

例如：「這裡是鈴木和山本提出的兩個方案，意見相左應該是來自於這些部分。鈴木基於這樣的想法，而提出這個建議方案。而山本則是基於那樣的想法，提出那個建議方案。」如此整理後，就更容易明白優點和缺點。

成員之間要共享優、缺點時，只要利用上面的「二乘二優、缺點整理表」，便可一目瞭然。

像這樣整理後，大家自然而然

會發現，不論採用哪個方案，都一定會有好處與壞處。

世界上每件事物都有光和影，這個社會不存在零風險，無論怎麼做，都會有人贊成，有人反對。只要鎂光燈投射在任一個地方，就一定有其他部分籠罩在陰影中。在理解如果採用這個方案，可能有哪些缺點的情況下選擇，才能不後悔的決策。

如果候選方案很多，就提出每個方案的利與弊，「相較於其他方案，這個方案比較差」，用比較刪除法減少選項。就算最後沒辦法篩選至兩個方案，也要盡可能減少方案的數量，才有助於決策。

討論的技術

決策前必須用所有人明瞭的方式，明確指出每個選項的優、缺點。世界上不存在零風險，看得到正反雙方的意見，才能讓人心服口服並果斷決策。

3 別輕易採用多數決

其次，在決策時，我希望各位意識到，做決定不等於多數決。

在學校教育中，我們往往被灌輸了一種想法——多數決是唯一且萬能的決定方式。一旦議論出現糾紛，大家就會隨口說出「不然來表決，少數服從多數」。

多數決反而扼殺多數意見

然而，多數決並非唯一的決定方式，也不是萬能的。或許表面上看來，這種方法的確清楚明白，但也有缺點。

多數決最大的缺點，就是除了第一名以外，其他方案都會被捨棄。如果有三個選項，其他兩個落選的選項就不會列入考慮。舉例來說，假設七人團隊中有三人選A，各有兩人選B和C。以多數決來看結論是A，可是其實過半數成員都反對A。

也就是說，單純的多數決，最終結果可能無法反映團隊成員的主要意見。話雖如此，多數決本身並不糟。重要的是，要意識到除了多數決以外，還有其他決定方式。而在決策前，團隊成員應該一起討論本次要採用哪一種方法。是否經過這個程序，成員心服口服的程度可是大不相同。

不論怎麼決策，只要有成員認為投票程序沒照規則走，那一瞬間一切都毀了。因此在陷入思考停頓、採用多數決之前，建議先與成員們好好討論決策的方式。

至於具體的決策方式有哪些，我會在決策的規則五「決定『如何決定』」一節中詳細說明。

討論的技術

捨棄「做決定等於多數決」這種自以為是的想法。少數服從多數雖然表面上簡單明瞭，但在之後的實行階段，可能因為成員不服氣，最終以失敗作收。

4 最後由誰說了算？

決策的第三個規則，就是決定「由誰決定」。這裡再重申一次，最民主的做法是由成員討論，成員決定。但除此之外，大家也要知道還有以下這些做法。

做決定就要扛責任？大家都打迷糊仗

如果每次決策前，都能充分對話，經過議論後朝著「由成員討論，由成員決定」的方向前進，自然最好，但有時候某些案件就是沒有那麼多時間。此時，就可以採取其他選項，所以討論和決策方式應該要有多種備案。

如果以「成員是否討論」為縱軸，以「領導人決定或成員決定」為橫軸，

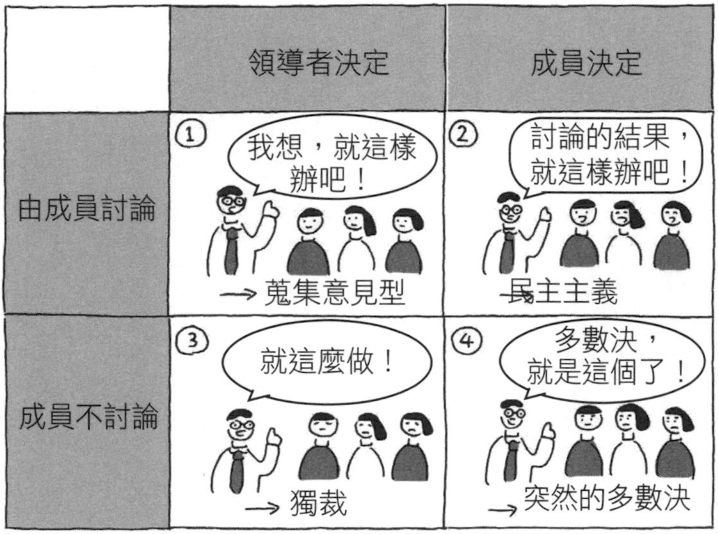

就可以畫出一張二乘二的表（見上圖），分成以下①～④、四個象限：

①由成員討論，領導者決定。
②由成員討論，成員決定。
③成員不討論，領導者決定。
④成員不討論，成員決定。

第一個象限「由成員討論，領導者決定」，是指雖然經過議論，但最後由領導者或部分成員決定的形式。或許感覺上比較接近蒐集意見，雖然節省時間，但也可能引發成員的無力感，認為「反正早就已經有結論了吧」。

第二個象限「由成員討論，成員決定」，便是一般的民主主義、直接民主的決策方式。到目前為止，本書說明的都是以第二象限為前提。這種方式最能讓成員心服口服，我相信大家已經充分理解這一點。

第三個象限「成員不討論，領導者決定」，簡單來說就是獨裁。這是魅力型領導人經常採用的方法，不過成員當中會有不少人萌生被迫參加、「算了吧」這類負面感受。

而且，如果運籌帷幄的領導人很優秀，也就算了；但若不是，就會帶領成員走上錯誤的方向。

第四個象限「成員不討論，成員決定」，可能比較難以理解。不過，不議論、直接採取多數決，就屬於這一種。也就是指，不讓大家彼此交換、辯論意見，馬上就採取多數決。簡單來說，就是「偷懶直接多數決病」。或許有人覺得我在說笑，不過這還真是學校教育中常見的做法。這種方法雖然快，但因為不能讓人心服口服，之後一定會產生糾紛。

重要的是，領導人要對團隊成員宣告採用「由成員討論，成員決定」的方法，獲得所有人的共識。其實很多人都忽略這一步。

大學的課程講座中，常發生以下幾種狀況。

「執行小組早已經有結論了吧。」

「嘴上說要傾聽成員的意見，其實只是做做樣子吧？」

總之，就是被大家質疑，是不是採取了第一象限的假設性、間接民主主義的決定方式，或者是第三象限的獨裁決定方式。之所以產生這種懷疑，就是因為事前未討論由誰決定。不只是在學校，這種狀況在公司也很常見。

為什麼不釐清由誰決定？最主要的理由，應該是怕被究責。

由成員討論，成員決定，乍看之下符合民主主義，但這也表示由成員自己負責。「民主主義很好，但我不想承擔責任」，可能是因為這種心態作祟，許多人常在扛責任的部分打迷糊仗。

也正因為如此，重要的是一開始就釐清由誰決定，才能果斷的決策。

討論的技術

決策的基礎是由成員討論，成員來決定。決策方法有民主，也有獨裁，重要的是視情況選擇，讓眾人都同意決定的方式。

5 耐心等待大家都說完意見

第四個規則，就是決定「何時決定」。換言之，就是決定經過多少對話、議論後再決策。期間的長度會因為主題和狀況截然不同，很難用一個數字來概括表示。

意見飽和的瞬間，怎麼辨識

不過，還是有參考的基準。決定的時機，參考基準就是意見飽和的瞬間。對話到了盡頭，共享了優、缺點，成員也已經沒有其他意見，這時，就要進入最後的決策，「差不多也該來決定了吧」。

此時，通常會遇到兩個陷阱。第一個，就是「不管過了多久，總是遲遲不做決定」。

不管任何工作或課題，都有截止期限，所以必須從截止期限倒推回去思考。會議引導者最重要的工作，就是決定期限，設定必須在什麼時間之前，讓所有成員提出意見，並根據這個目標行動。

否則，對話將綿延不絕、沒有盡頭，根本無法進入決策階段。這就像本章一開頭提到的「對話萬能症候群」。

另一個陷阱和前一個相反，就是什麼都還搞不清楚，就急著決定。

當要把三個方案聚焦成兩個，或是從兩個方案中選出一個時，領導者常常想要儘快決定。這或許是因為他們能看清全貌，特別是領導者如果抱持偏見，認為只有某一個選項適合，更會加速這種傾向。

但就算真是如此，也不能著急。即便最終大家選了這個方案，但如果是倉促做的決定，事後一定會有人抱怨程序。這麼一來，最糟的結果就是一切重來，反而更花時間。

做決定時，千萬不要急，不要焦躁。

既然要決定，就要分清楚黑白。

一般來說，領導者越想快點決策，就越該預留充分的時間，謹慎行事。因此，注意釐清成員的意見到哪個程度會飽和，就很重要了。當然，有時候領導者也無法等到意見飽和。不過即便是這種時候，幹部也可以明確表示，要充分討論到什麼程度。

在議論一開始或每個段落時，引導成員「還剩X小時可以討論。X小時後就必須用某種形式決定」、「現在已經過了Y小時，距離最後決策還剩Z小時」。這樣一來，眾人心服口服的程度一定大為不同。

討論的技術

決策的最佳時間點，就是意見飽和的瞬間。一直懸而未決當然不行，但領導者急著做決定也不妥當。決策時，不能焦急。

6 結論出爐，大家就要遵守

決策規則的最後一個重點，就是決定「如何決定」。

前面提到，千萬別輕易採用多數決，除了少數服從多數之外，其實還有很多方式。不過，和「決定『何時決定』」一樣，不論何時，都沒有所謂的唯一、最佳的決定方法。建議大家最好準備多項實用備案，才可以因時、因地制宜。

別只會用多數決，還有四種選擇……

這裡要為大家說明以下五種決定方式：

一、全體成員共識決定。

二、多數決。
三、多個階段的多數決。
四、用分數決定。
五、用評價決定。

1. 全體成員共識決定

全體成員徹底協商，取得共識，關鍵是要全員一致。所有人充分議論後，一直徹底溝通到每個人不再堅持，凝聚成一個意見為止，這就是全員一致的原則。

這種決定方式最沒有效率，但達到全員一致認同時的成就感和所有權意識，也是無與倫比的。

2. 多數決

一般最常採用，也最簡單的方式，就是多數決。簡單來說，多數決的原理就是投票後、第一名獲勝。在這種方式中，第二名以下的選項，不管票數有多麼接近，也幾乎都會捨棄。實行方法也很簡單，只要請出席人員舉手，計算舉手的人數即可。

可是前面已經說明，用這種方式能夠簡單、輕鬆的決定，所以可能在還沒有充分對話和協商之下，就會有人說「總之，我們就用多數決吧」，結果之後反而引發糾紛。特別是輕易捨棄第一名以外的選項，得出的結果可能很難讓成員服氣。

3. 多個階段的多數決

這個方法，就是藉由數個階段的多數決、減少選項，最後再進行最終投票。如果只有一次的多數決無法得到讓人心服口服的結果，這便是可以採取的方法之一。

在多階段的多數決中，投票表決時，如果得票數最多的選項未得到過半數支持，就鎖定第一名和第二名的選項等，再做一次最終投票，票數多的就勝出。

如果只採取一次多數決，第一名的選項雖然可能得票最多，但其實反對這個選項的人更多，結果卻在這種狀況下採用第一名的選項。不過，只要經過多次的多數決，就可以消除這種偏誤，讓更多人接受結果。

4. 用分數決定

這個方法，指的是投票時每個人各自決定選項順序，再把排序加上分數，然後根據合計的分數決定第一名。

比方說，假設有三個候選方案。可以請每個人給自己心中的第一名方案三分，第二名兩分，第三名一分，然後合計分數、排出順序。

這樣一來就可以得出「A案合計得到十四分」等數字結果，進一步釐清「每個方案的分數差多少？」、「成員認為第一名的方案集中在哪一個？」等細節。

5. 用評價決定

就是事先建立多個評價判斷的基準，然後根據這些基準，為每個選項評分，再看合計的分數。

在我的課程講座中，高年級學生會為講座招募新生（錄取活動），他們會用幾個基準，替志願者評分後再決定人選。

具體來說，他們就是根據自主性、協調性、創造性等三個標準，每個人向志願者提問，進行五階段評分。評分者是所有講座學生，最終選出一位合計分數最高的人，成為課程講座的新成員。這也是在評價人物與選擇新商品設計等，常用到的方法。

用評價決定時的重點，就是要以什麼作為評價判斷的基準。基準如果不合宜，就會成為後續紛爭的根源。

舉例來說，中原課程新成員的評價判斷基準，是自主性、協調性、創造性這三點（順帶一提，新成員的評價判斷基準、選拔新成員的方法、要選誰為新成員，這些在中原課程講座中都由學生自己決定，我不會干涉），至於這些基準是否合宜，必須取得所有人的共識。例如，可能也有人覺得，外向、深思熟慮或許比較重要。

所以在決定前，必須先確定判斷標準。從這個角度來看，用評價決定可說是比其他方法更勞師動眾，但只要大家認為評價判斷基準合宜，就會是強而有力的決策工具。

以上介紹了五種決定方式。當然還有很多更詳細的方法，不過實際上可用於職場和教育現場的辦法，我想這五種（包含衍生出來的方式）應該就足以涵蓋全部了。

結果出爐後，就得自發的遵守

總而言之，世界上沒有哪一種決定方法是絕對萬能、可以讓所有人心悅誠服的。真實社會也沒有正確答案，只有眾人都接受的解答。我們必須做的，就是無論如何都要事前討論，取得共識。多元化的成員要決策，真的不是一件簡單的事。

耗費各式各樣的工夫後，即使能決定選項「就是這個！」，也不表示這樣就結束。決策之後，還必須化為行動，獲得某種成果，才算抵達終點。化為行動時最重要的關鍵，就是所有成員要自發的遵循。總之，說得極本書的範疇——「討論」

端一點，就是自己做的決定，自己要遵守。

第二章也提到，即使結論和自己的意見不同，也要老實接受，自發的為決定貢獻。如果不能共享這個規則，那麼討論自始就沒有意義，也不可能創造任何成果。

可是，決定後卻有很多人不會自發的遵行，明明是大家共同決定的事，卻不遵守、不配合。

看看我課程講座的學生，我覺得最大的問題就出在自發性遵守。雖然很多問題的根源來自於決策之前的程序，例如未能充分對話、對決策方式不服氣等，但不遵守決定就是違反規則。

所以我會不厭其煩的告訴學生：「不論結果是什麼，都要自發的遵循。」當然在商務場合，這一點也極為重要。

成果有價值，就會心服口服

就這樣，對話結束後彼此商議，決定了推行事物的方向。大家自發的遵守決定，每個人都動起來。重點在於，為了創造成果，就必須實踐。從這裡開始，才是勝負的關鍵。

實踐時的重點，就是要讓大家儘早體驗到「還好有做！」的喜悅。業務改善也好，行銷措施也行，只要達到某種成果，讓成員覺得有價值，他們就會對決策心服口服，那麼對於其他事情，也同樣會想要藉由對話和決策的程序來處理。

重點是「Small start, quick win!」從小事著手，盡快讓大家感受到成果。這麼一來，很快就會有所結果，讓人覺得「還好當初有做」。

此外，在實踐時，如果能納入階段性目標（Milestone）和工作計畫（Agenda）就更好了。如果決策時能具體定下「什麼時候之前」、「做到什麼程度」，成員們行動時也不會迷惘，領導人也更容易確認。

我們所在的組織與職場，因應環境、時代、顧客、社會的變化，經常處於變動之中。所以並非討論後做出決定、化為行動後，就以為到此結束那麼簡單。

我們要察覺環境的變化，再次對話、決策並一一實踐。於是又會再次意見不合，必須再次對話、決策並實踐，重要的是重複上述程序。我們處於這種重複的連鎖中，重點在於必須抱持這種意識，有耐心的推動「對話、決策、實踐」的循環。

討論的技術

決策方式有很多種：①全體成員共識決定、②多數決、③多個階段的多數決、④用分數決定、⑤用評價決定。再者，決策後也不能就此放鬆，還必須自發的遵守，持續追蹤直到實行為止。然後有耐心的持續對話→決策→實踐的循環。

第四章總整理

- 決策的五大規則：
  1. 釐清優、缺點。
  2. 別輕易採用多數決。
  3. 由誰決定。
  4. 何時決定。
  5. 如何決定。

- 一直反覆好的對話，但若不進入決策和實踐階段，也沒有任何意義。決定要做的事，然後自發的遵守，各自實踐決策。有了「對話→決策→實踐」的循環，討論才算完成。

- 要推動「對話→決策→實踐」的循環，在決策的階段便要讓團隊成員擁有所有權意識，「因為是自己的決定，必須實行」，關鍵是由成員討論，成員決定。

- 捨棄「決定＝多數決」的先入為主觀念。如果跳過對話和議論，直接採行多數決，無法讓成員服氣，決策也可能無法實踐。因此要釐清方案的優、缺點，用合宜的方式，在適當的時間點決定實行的內容。

第5章

領導者必備的技能

1 遠距工作更需要討論的技術

到目前為止，本書針對討論的技術，說明了對話以及議論後決策的內容。我由衷希望今後的社會，能成為充分對話與決策（自己的事自己決定）的社會。

讓職場、學校和社會善用討論

或許先前說明的內容太過於理所當然，以至於大家過去不曾注意，而且還會覺得每個人應該都知道，結果反而沒有人教；我想很多人也都自以為知道，但其實並不了解。我希望本書能讓更多的人，學會「討論＝對話＋決策」的技術，並將這些技巧化為自己的「作業系統」，烙印在腦海中。

最後，將針對前言提到，該如何讓企業、教育第一線以及全體社會，轉變成充滿討論的環境，提出我的展望，為本書畫下句點。

用對話解決課題，員工就會持續成長

在職場，如果想要有效率的決策與創造成果，不能只靠一個人，必須大家分擔角色，彼此相互調整。其中最重要的要素就是討論，要讓成員心服口服的決定事情。

然而，現在幾乎所有的公司，都沒有指導領導人和管理階層，關於協商與開會的方法和技術。

近年來，遠距工作越來越頻繁，我接到很多諮商案件，都是關於領導人和成員之間的對話問題。例如，有一家來諮詢的公司，我旁聽了他們的線上會議，老實說，我十分震驚。

・領導人不聽成員說話。

・領導人自己說「答案就是這個」。

・只要一覺得成員的發言有點不對勁，立刻制止：「不是這樣的！」

・催促成員發言，結果因為沒人開口，領導人自己說個不停。

連在旁邊觀察的我，都不禁覺得：「他是不是故意這樣做的？」像這類的典型遺憾對話，我真的看過太多了。再這樣下去，我認為討論不可能讓所有人心悅誠服。

現今因為工作內容改變與遠距工作的普及，可說是考驗管理階層和管理方法的過渡期。我認為，今後的管理階層應該成為對話型管理者。要讓一個人實際擁有持續成長的感受，就必須具備對話的程序。

所以也請企業務必提供學習討論和對話技術的機會，特別是領導人和管理階層的教育，也應該在新進員工教育中納入這種重要技巧。就某個角度來說，現在是重新設計職場會議的好機會。

現在正是大好時機，請跳脫傳統型會議（每個人報告自己正在做的事，最後管理階層說完就結束），轉變為透過對話與決策來行動的團隊。

討論的技術

今後的職場，對話型領導人——面對沒有正確解答的課題，能透過對話和決策來解決的，才是社會需要的領導者。

2 學生愛上討論，就能主動學習

約十年前，日本的教育界開始關注主動學習（Active Learning）一詞，將對話當成主動且積極學習的核心。換言之，也就是積極型、對話型深度學習。總之，就是由老師出題，然後學生自己死記硬背、套公式解答的傳統型學習，轉變成重視多人一起討論，一起探究解答的學習方式。日本高中則自二〇二二年度起，將「綜合學習時間」，更名為「綜合調查研究時間」。

不過，這種轉變並非一蹴可及。要真正脫離傳統型學習，實現積極型、對話型深度學習，光是嘴上說「請討論」、「請對話」，絕對不夠。更重要的是提供學生、孩子們所應具備的武器、技術和方法。我深切盼望本書能有所助益。

討論是有規則的，其實學生一教就會

順帶一提，在指導孩子們對話和討論方面，過往也曾有個類似的遺憾案例，那就是讀書心得。讀書心得幾乎是最經典的家庭作業，可是很多學生卻總是很煩惱，嚷著寫不出來。為什麼會這樣？這是因為沒人教他們怎麼寫，「說出自己的感想」這種行為太過理所當然，所以大人和老師們都以為，學生自然會寫。

「只要寫出自己的感受就好。」

「心裡想到什麼，就寫下來看看。」

「可以自由的寫喔。」

我想應該有些讀者，以往遇到的老師就是這樣指導的。

可是在這種指導下，就算有心想寫，也很難寫得出來。因為大人們教導時，並未向學生說明到底什麼是讀書心得，以及寫出什麼樣的文章才算是讀書心得。

不過，只要確實教他們怎麼寫，學生們一定寫得出來。舉例來說，一開始先寫內容摘要，然後寫下自己的類似經驗，最後再寫今後應該做的事。像這樣告訴學生們幾種寫法，他們發揮起來就容易多了。如果完全不指導，只說「好，那大家就寫看看吧」，實在是強人所難。

討論其實也是同樣的道理。現在的教育現場，我想很少有老師會教學生討論的技術。在這種狀況下，不論過了多久，學生們也無法順利學會。

所以，我希望大家要找機會告訴孩子們：「溝通、協商時有這樣的規則喔。」前面也曾提到，我在課程講座一開始，會不厭其煩的告訴學生什麼是討論、什麼是對話。我希望所有的教育機構，也都能這麼做。

如果能讓什麼都不了解的學生們，在教育第一線學會這些技術，除了有助於深度學習，也一定有助於促進企業和社會的變革。這應該是最有影響力的變化了。我也會在接下來近二十年間，努力傳授並推廣相關的技術。

所以，如果各位讀者也是教育界同業，我由衷期盼大家，能和我一起扛起這個重責大任，一起推廣討論的技術。

討論的技術

今後在教育的第一線，希望大家積極傳授、學習討論的技術。協商是有規則的，只要大家能共享這種知識、見解，未來一定大不相同。

3 政治本就是眾人之事

社會現在正處於過渡期，不論是社會保障的問題，還是財政、國安的疑難雜症，現今有許多課題一直懸而未決。

社會輕視言詞，不重視邏輯思考

現在這個時代，已經不是把問題丟給政治人物，簡單一句「交給你了，就這樣」便能解決的。我們必須抱持遠勝於以往的認知：「我們的社會只能靠我們來建立。」、「必須透過民主討論，解決所有問題。」讓人們在處理各種問題時，都採用民主對話和決策程序。這將是現今的當務之急。

對話能釐清不同的意見，藉此找出能與他人相互了解的重點。即使是在無法相互理解的群眾之間，也可以找到彼此都能接納的部分，一起生活，這是我們今後必須擁有的生活方式。

無論是我還是你，都要有所覺悟，下定決心。一定沒問題。

我不是要大家拿起武器，彼此對抗。只要能正視對方的存在，相互討論即可。

討論的技術

如果要讓今後的社會，成為重視言詞和邏輯的世界，討論是不可或缺的條件。唯有如此，才能真正體現民主主義，讓未來更充實富足。

第五章總整理

- 領導人不傾聽成員說話的嚴重程度，令人震驚。再加上遠距工作和商業聊天工具日漸普及，也可能對討論產生負面影響，十分危險。
- 今後的職場需要「對話型領導人」——對於沒有正確解答的工作課題，能透過對話和決策來解決。
- 學校因應教育改革，以「積極型、對話型深度學習」為目標的時機也逐漸成熟。不過，光要學生用對話方式去學習，也無法實現目標。為了不像讀書心得一樣，留下很棘手的印象，必須從討論的規則開始指導。
- 社會必須轉變為重視言詞和邏輯的世界。為了達到眾人一起討論，解決現有的各種問題——如社會保障、財政、安全保障等，必須轉變為大家一起溝通、協商，一起決定，決定後所有人一起努力的社會。

結語　討論的技術，ＡＩ無法取代

反正討論也沒用……。

協商後也沒有答案……。

開會也改變不了什麼……。

社會充斥著放棄的氛圍，如果光討論不決策，的確很無力。累積對話，了解彼此想法的差異，充分議論後做出決定，這其實是成本高昂無比的溝通方式。

再加上，說到最後的結果，有時往往搞得不歡而散，甚至還會出現各種矛盾糾葛，所以大家才會輕忽討論。

可是即便如此，我還是要說。

如果只有討論，的確讓人很無力，可是除此之外，沒有其他方式能讓不同的人們共同生活，建構新事物。

仰賴暴力強制別人去做，只會催生出更多暴力；就算祈求老天爺，老天爺也不可能直接拯救我們。彼此無法理解的人們，要在這個社會一起生活，就必須正視對方，積極討論。簡單來說，就是自己決定自己的未來。

也就是說，希望只存在於討論的盡頭。

對無力的商量、協商、開會感到絕望的你，要不要試著拿起這本書，學習討論的技術？要不要試著和可以交心的人，彼此再溝通一次，然後妥善決策並實踐？

如果本書有助於提升各位的討論，就是我最樂於看到的結果。

最後請讓我在此表達謝意。首先我由衷感謝ＰＨＰ研究所的宮脇崇廣，企劃並編輯本書（日文版）。他很認真聆聽我的願望——想要寫一本關於討論的書，也給了我機會出書。

此外，我也由衷感謝ＰＨＰ研究所的吉村健太郎協助編輯工作。同時也十分感激負責內容架構的杉山直隆。這已經是我和杉山合作的第四本書了，我十分享受採訪的過程。

希望大家都能提升彼此的討論技術，因為在盡頭等著我們的，就是希望！

Think 274

討論的技術

不再一致沉默、揣摩上意、反駁抬槓鬼打牆，提升決策品質、貫徹執行力的必備管理技能。

作　　者／中原淳
譯　　者／李貞慧
內文插圖／米村知倫
校對編輯／宋方儀
副 主 編／劉宗德
副總編輯／顏惠君
總 編 輯／吳依瑋
發 行 人／徐仲秋
會計助理／李秀娟
會　　計／許鳳雪
版權經理／郝麗珍
行銷企劃／徐千晴
業務專員／馬絮盈、留婉茹
業務、行銷與網路書店總監／林裕安
總 經 理／陳絜吾

國家圖書館出版品預行編目（CIP）資料

討論的技術：不再一致沉默、揣摩上意、反駁抬槓鬼打牆，提升決策品質、貫徹執行力的必備管理技能。／中原淳著；李貞慧譯 .-- 初版 .-- 臺北市：大是文化有限公司，2024.05
240 面；14.8×21 公分 . --（Think；274）
ISBN 978-626-7448-01-4（平裝）

1.CST：組織管理　2.CST：企業管理　3.CST：會議

494.2　　113001165

出 版 者／大是文化有限公司
臺北市 100 衡陽路 7 號 8 樓
編輯部電話：（02）23757911
購書相關諮詢請洽：（02）23757911 分機 122
24 小時讀者服務傳真：（02）23756999
讀者服務 E-mail：dscsms28@gmail.com
郵政劃撥帳號：19983366　　戶名：大是文化有限公司
法律顧問／永然聯合法律事務所
香港發行／豐達出版發行有限公司 Rich Publishing & Distribution Ltd
香港柴灣永泰道 70 號柴灣工業城第 2 期 1805 室
Unit 1805, Ph.2, Chai Wan Ind City, 70 Wing Tai Rd, Chai Wan, Hong Kong
Tel：2172-6513　Fax：2172-4355　E-mail：cary@subseasy.com.hk

封面設計／林雯瑛
內頁排版／陳相蓉
印　　刷／韋懋實業有限公司
出版日期／ 2024 年 5 月初版
定　　價／ 399 元（缺頁或裝訂錯誤的書，請寄回更換）
I S B N ／ 978-626-7448-01-4
電子書 I S B N ／ 9786267448090（PDF）
9786267448106（EPUB）

Printed in Taiwan

HANASHIAI NO SAHOU